自己的头发自己救

一本书搞定脱发、白发、秃发等各种头发问题

彭贤礼　张宏嘉——著

河北科学技术出版社

著作权合同登记号：冀图登字 03-2019-186

图书在版编目(CIP)数据

自己的头发自己救 / 彭贤礼，张宏嘉著 . -- 石家庄 : 河北科学技术出版社，2020.10

ISBN 978-7-5717-0253-3

Ⅰ . ①自… Ⅱ . ①彭… ②张… Ⅲ . ①头发－护理－普及读物 Ⅳ . ① TS974.22-49

中国版本图书馆 CIP 数据核字 (2019) 第 299936 号

自己的头发自己救
ZIJI DE TOUFA ZIJI JIU
彭贤礼 张宏嘉 著

出版发行 河北科学技术出版社
地　　址 石家庄市友谊北大街 330 号（邮编：050061）
印　　刷 北京彩虹伟业印刷有限公司
经　　销 新华书店
开　　本 710 × 960　1/16
印　　张 14.5
字　　数 115 千字
版　　次 2020 年 10 月第 1 版
2020 年 10 月第 1 次印刷
定　　价 58.00 元

序 1

对症下药，解决恼人都市型“毛”病

大家目前普遍缺乏毛发知识，毛发骗术充斥，对于如何从琳琅满目的毛发产品中选择适合自己的产品，民众常常感到无所适从。

十分开心得知彭院长有新作问世，这本书从基本的头发知识、毛囊构造，分析掉发原因讲起，破解有关于毛发的问题以及如何寻求正确的治疗方式，包括口服、外用、激光与各式植发手术的优缺点评比等，书中每个章节设想周到，回答一般民众就诊时最常提问的问题，相信定能造福许多需求者，协助解决毛发相关困扰。

其实导致毛发出现问题除了遗传之外，还有性格与习惯等因素。就好像长满斑的女人嚷着要除斑，满脸皱纹的女人想除皱的道理一样，等到病入膏肓才开始反思健康，早已错过最佳的治疗期。站在医师的角度思考，如果患者在乎脸上的斑与皱纹，为何不是在长斑与皱纹的第一时间就治疗，而是在长满斑与皱纹后才寻求解决之道？秃发的问题亦是同理，如果知道严重掉发的肇因是长期作息不规律，抑或家族原本就存在雄性秃的基因，就应该积极寻求治疗的方法，对症下药，才能事半功倍。

东西方文化对于毛发的认知大不同

东方有句俗语：“十个秃子九个富 。”这句话意味着秃头给人以富人的印象，东方人认为“秃发”象征着地位与年长，但在西方人的眼里“毛发浓密”才是权力与年轻的象征。如果仔细观察便不难发现“毛发浓密”是西方当权者的象征之一，甚至连西方女性也多以此为择偶条件。

在过去，信息没有现代发达，人们没有重视秃发的问题，而今人们的思想与时俱进，泛社会化让人们更注重外表，尤其是城市更甚，所以秃发可说是都市型“毛”病，连动着各种人际关系，秃发会击溃患者本身的自信，进而造成个人在职场、情场关系中处于被动地位。现今植发技术日新月异，能有效改善秃发，在植回发丝的同时也植回当事人的自信，为患者创造另一种人生的可能。

很多人问我：“怎么样才算是好医生？”其实这没有一定的标准，主要看适不适合患者、对患者病情改善的协助及患者的感受。当然，希望每个医生能做到“视病犹亲”，在就诊时医生能够清楚地告知患者病情，患者亦能主动地询问诊断的结果，建立良好的医患关系，寻求最适合的治疗共识与方法，自然能够减少医患纠纷。

认识彭院长20多年，刚开始彭院长在百忙中抽空听我的演讲，而今角色互换，我也常聆听他的演讲，我们互相支持、互相交流。书中两位专业医师不吝分享其专业领域的知识，期待好书能够获得共鸣，成为需求者的愈发指引。

台湾皮肤暨美容外科医学会理事长
台北医学大学皮肤科兼任副教授
蔡仁雨

掉发的原因

序 2

你以为的护发，其实很伤发——错误的养护发信息，使你的头皮陷入掉发危机？！

刚接获彭院长的新书稿件，诊室正好有一名患者因为去美发沙龙做了头皮去角质以及精油按摩而导致头皮发炎，引发异常掉发的状况，这样的案例在这几年真的越来越常见，对头皮做的事情越多，反而出问题的机会就越大。

此外，现代人因为 3C 产品应用便利，网络上的信息唾手可得，却也导致求美者很容易误陷各式流言陷阱，甚至很多时候自己相信的养护发方式其实是错误的。日积月累，对头皮造成损伤，等到异常掉发发生后，不是为时已晚就是要花很多时间与精力才能救回，真的是很辛苦啊。

拥有正确观念、寻求专业协助最重要！

很多人遇到与头皮或头发相关的问题，第一时间大多是寻求非医师的建议，但这样做其实常会隐藏风险。因为头皮与头发会发生的问题其实蛮多的，甚至很多是需要治疗才能改善的。所以，正确的做法应该是先寻求皮肤科医师的诊疗，先确认是否有疾病需要治疗，也就是有病先治病。

此外，头皮与头发的养护方式其实是非常需要“专业训练”的，除了认识头发与头皮之外，发用化妆品的基本认识，以及相关正确养护疗程的学习也都很重要。因此，除了看诊以及经营博客、粉丝团进行卫生教育之外，我也常受邀到各大学校以及美发机构进行演讲与培训，就是期望能够让民众更加受惠。

如上一段文字所述，有民众去美发沙龙进行头皮去角质，其实就不太需要。很多人以为要“去角质”才能彻底清洁，但结果却导致头皮偏干以及毛囊发炎。理论上，皮肤、头皮的保养应该是要“护角质”，让角质层可以维持正常代谢。角质层有其生理上的重要性，角质代谢也有其正常周期，真的不需过度去角质，因为如此的举动长期下来很容易造成过头皮敏感干痒的副作用，实在不可不慎。

最后还是要提醒大家，如果发现头皮或头发异状或异常掉发时，寻求专业医师的协助，还是最重要的。相信彭院长与张医师的著作必能造福许多正面临头发危机的求美者，先拥有正确的观念再加上专业医疗的诊疗协助，才能够让我们的头皮与头发远离风险，让我们拥有幸福健康。

顺风美医诊所总院长

邱品齐

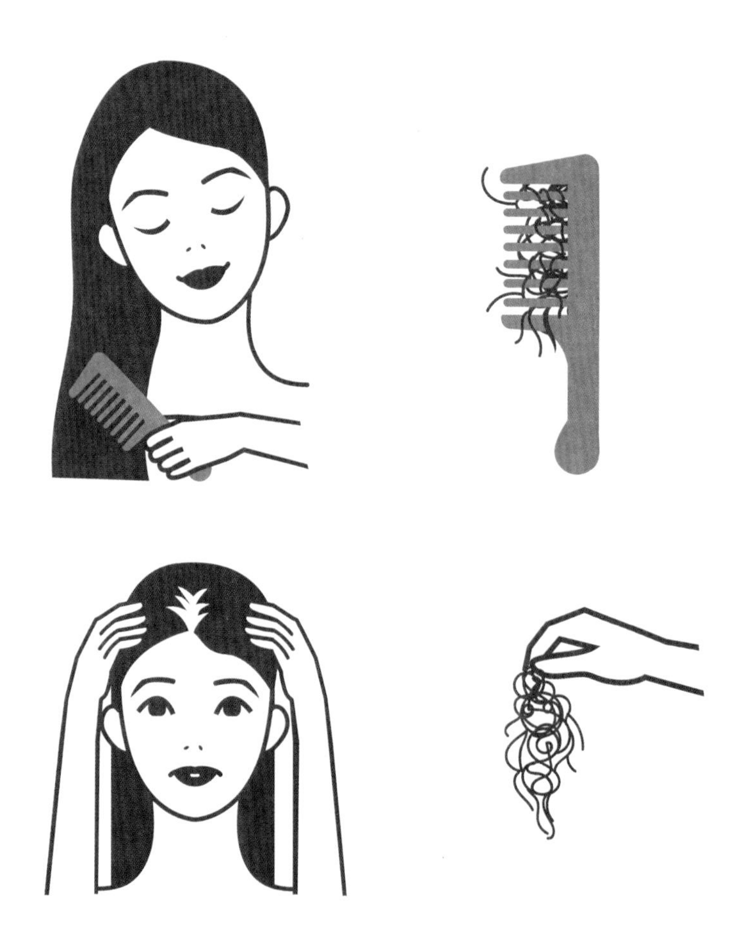

自序 1

养发你应该更有方法！别让三千烦恼丝，烦恼一辈子

记得我还是实习医师的时候，某天跟着主任巡视病房，来到一位患者床前，我向患者说明主任来查房了解病情，不料患者竟然蹦出一句："主任刚才就来过了啊！"陪同查房的所有医师都有些丈二金刚摸不着头脑，经过了一番询问之后才知道，原来患者把他那床的实习医师当成主任，这一切都是头发惹的祸！这位二十多岁的实习医师顶上精光，在当时已是"雄性秃"第五期的患者，看起来十分老成，难怪被误认为主任。只是年纪轻轻被叫作主任，会不会太沉重呢？

许多"雄性秃"患者可能也有这样类似且心痛的经历，虽说"雄性秃"不是男性的专利，却是以男性居多。若要说起男性的烦恼，相信"秃头"绝对排得上前三名。后移的发际线不仅让容貌大打折扣，年纪更因此看起来大了一倍以上，便用"十个秃子九个富"安慰自己一下。

单从门诊求诊的人数来看，就可知道秃头带给现代人多大的困扰。

幸好，随着医学技术发展的日新月异，让人不需再使用像在头皮上抹生姜这类怪异又无效的偏方，就可从初步的外用、内服药物、激光，到最后一步也是最有效的方式——植发，让秃头的族群看见了让头顶浓密发丝再现，重新找回自信风采的希望。

以植发来说，台湾地区拥有和国际同步的先进植发技术，有植发需求的朋友大可以放心。从早期快速但会留疤的毛囊单位植发手术（FUT），

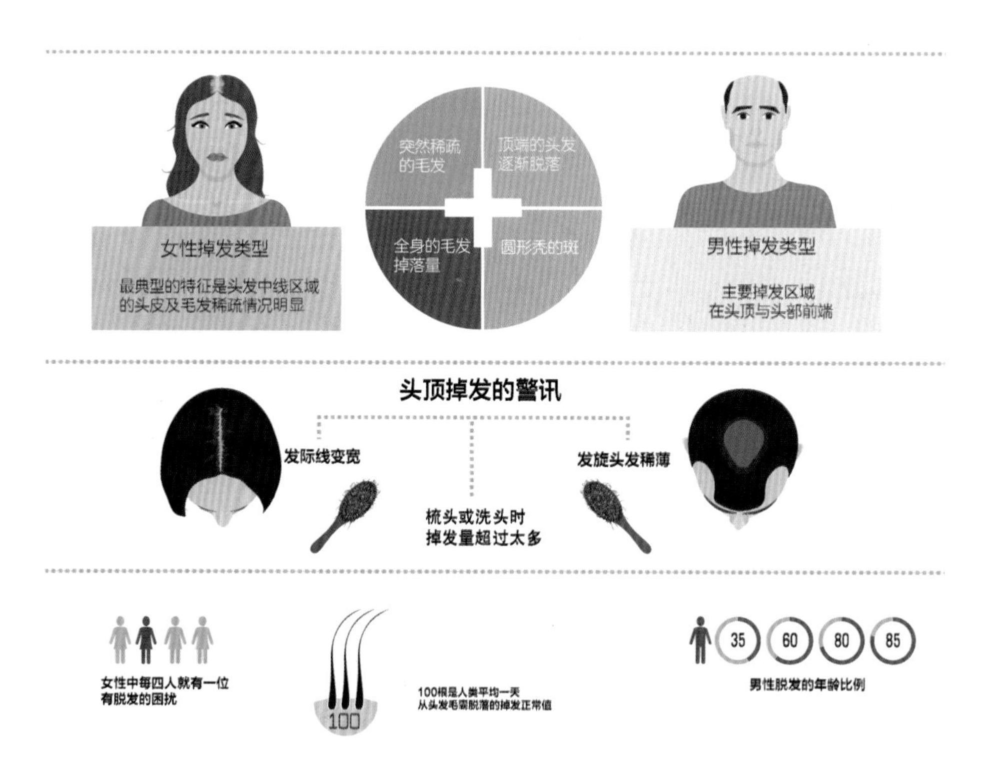

脱发与掉发的症状

到如今术后没特殊痕迹的毛囊单位摘取手术（FUE），技术含量越来越高，团队整体合作的专业度也更趋重要。

更棒的是，植发技术日新月异，植发后的毛囊存活率有了很大的提高，以往植发术是先取毛囊再植发，需耗费很长的时间，但是如今的新技术让取发与植发可同步进行，缩短了不少时间，也因为缩短了毛囊暴露在体外的时间，有效提高了毛囊存活率。

我们通过临床观察，民众对于植发的需求相当高，却也有很多的疑问与不解，他们常常在网络上胡乱搜索，不过在这个信息便利的时代，不少网络上的信息其实是错误的，因此造成许多人错误的观念和无谓的恐慌。

这也正是我们写这本书的目的，我们期望从医生的专业角度，用浅显的内容清楚地传达给大家正确的观念和知识，向民众科普关于头发的知识。因此，在这本书中，从头发的常识，到头发的保养，都有简单且清楚的说明；对于秃头形成的原因以及各种治疗方式也都有介绍，并针对网络上及我们临床上遇到的各种疑问做解答。相信民众可以从中得到自己想知道的知识，并找到解决秃发问题的正确方法！

我们还是要提醒大家，植发虽然被看成是秃头最有效的治疗方式，但植发并非一蹴可成，除了最重要的技术与质量考虑以外，术后的照护与保养也不可少，当然也要对头发有正确的知识，才能好好照护头皮以及头发，保护头顶，使之不变成“不毛之地”。

清楚头发的知识后，早期预防、早期治疗，才是脱离“秃头一族”的正道。祝福大家能拥有健康的头皮与毛发，找对方式恢复一头浓密的秀发。

台湾地区植发医学会理事长

彭贤礼

自序 2

了解掉发的原因，才能有效植发

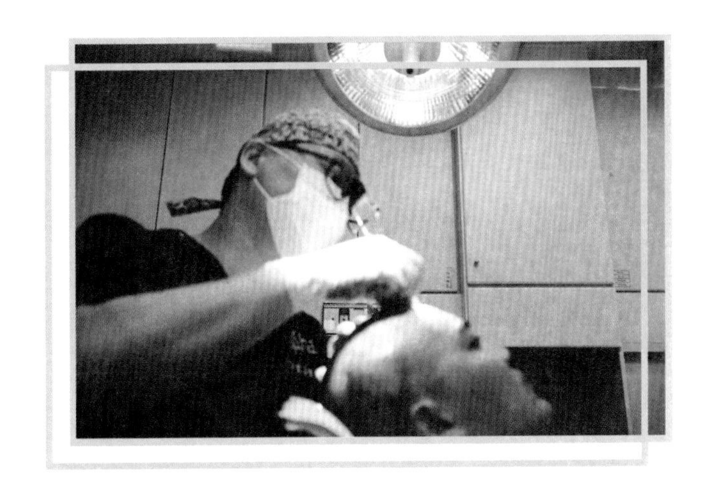

“什么时候你会开始在意每天掉在地上的头发有多少根？”

“什么时候开始就连梳头、洗头都变得小心翼翼？”

其实很多人都忽略了，当你开始意识到掉发量变多，“问题”早已根深蒂固。

在健植发医疗的领域近十年，头发、头皮的问题其实是日常生活中一点一滴累积的，无法一次解决。当惊觉发量逐渐减少时，切勿让自己陷入病急乱投医的盲目中，也不要误信偏方导致无法挽救的遗憾。在临床经验中遇到严重秃发的患者，就是因为尝试偏方而延误了最佳的治疗时机。追本溯源，因为对于掉发的原因不了解，也缺乏相关的正确知识，因此错过治疗时机。

秃发绝非一日造成

“我的秃发还有救吗？”常听见就诊者急迫地询问。

2016年的一份调查报告显示，台湾地区约有三成人口有秃发的困扰，而30岁前秃发的人口竟占秃发人口的六成，可见秃发正趋向年轻化（甚至有高中秃发的案例），似乎已不再好发于中年，甚至突破性别，女性秃发人口也比往年倍增。

“该怎么判断需不需要植发？”

我常跟就诊者分享，先找出异常掉发的原因，如此才能协助医生判断，进行正确的治疗。而通常我们可先从“掉发量”进行判断，究竟是一撮一撮还是一大把一大把，再从掉发的速度观察，雄性秃的掉发是长时间“蚕食鲸吞”，而不是短时间内大量掉发（这其实很好观察，雄性秃的病程不会突然大量落发），经过判断再确定是否进行植发，才有其成效。

判断异常掉发的 2 个关键	
掉发量	掉发速度

“毛”病需要对症处理，才能真正解决秃发的问题

如果是大把大把地掉发，需要先排除自身的病因，先将疾病治疗好，才能解决掉发的问题。另外一种是因为治疗疾病所衍生的掉发，是在药物治疗的过程中产生的副作用，因此对症下药十分重要。

引起掉发的常见疾病

甲状腺失调引发的内分泌问题——如甲状腺功能亢进、减退	
自体免疫失调引发的疾病	疾病感染
头皮疾病	糖尿病及其并发症
肺结核	肝硬化
缺铁性贫血	红斑狼疮

引发药理性掉发的常见药物

慢性病治疗药物	癌症治疗药物
内分泌调节药物	避孕药

排除以上情况，如果突然间大量掉发，极有可能是因为压力过大或免疫系统异常，加上生活作息或者饮食不正常导致的圆形秃（鬼剃头），常熬夜及压力大、情绪差等均会恶化落发。

自信从“头”开始，你可以抉择属于你的黄金人生

若早已意识到自身有遗传性掉发或已有秃发的状况，建议还是早期

预防早期治疗，“拖延”或等等看，绝不会奇迹般地自己变好。即使是生理性的掉发也需要经由医生的诊断用“对”的方式改善，把握黄金治疗时期，才能用最短的时间与最适当的治疗方式获得健康浓密的发丝。

在健植发医疗的领域近十年，绝大多数的秃发（尤其是遗传性秃发）可以配合药物的治疗、植发手术及健发疗程，在我手里通过植发手术植回落发并重拾曾经遗失的自信的案例不在少数。别小看那一小撮一小撮恢复的顶上生机，不只能让就诊者重拾自信，更能让其因为自信而启动梦想。我经手的就诊者 H 先生，拾回自信而启动了去澳大利亚打工留学的梦想，之后甚至在澳大利亚圆了修飞机的职场梦；A 小姐曾经因为情感的压力短时间内大量掉发，也因为适当的治疗而开启了崭新的人生，甚至远赴墨西哥教中文……这些都是就诊者与我分享的故事，最令人感动的收获是，我除了帮就诊者找回健康，还帮他们重新找回人生与梦想。

别让三千发丝成为烦恼丝，属于你的黄金人生，可以从“头”开始。

专注植发的皮肤科医师

张宏嘉

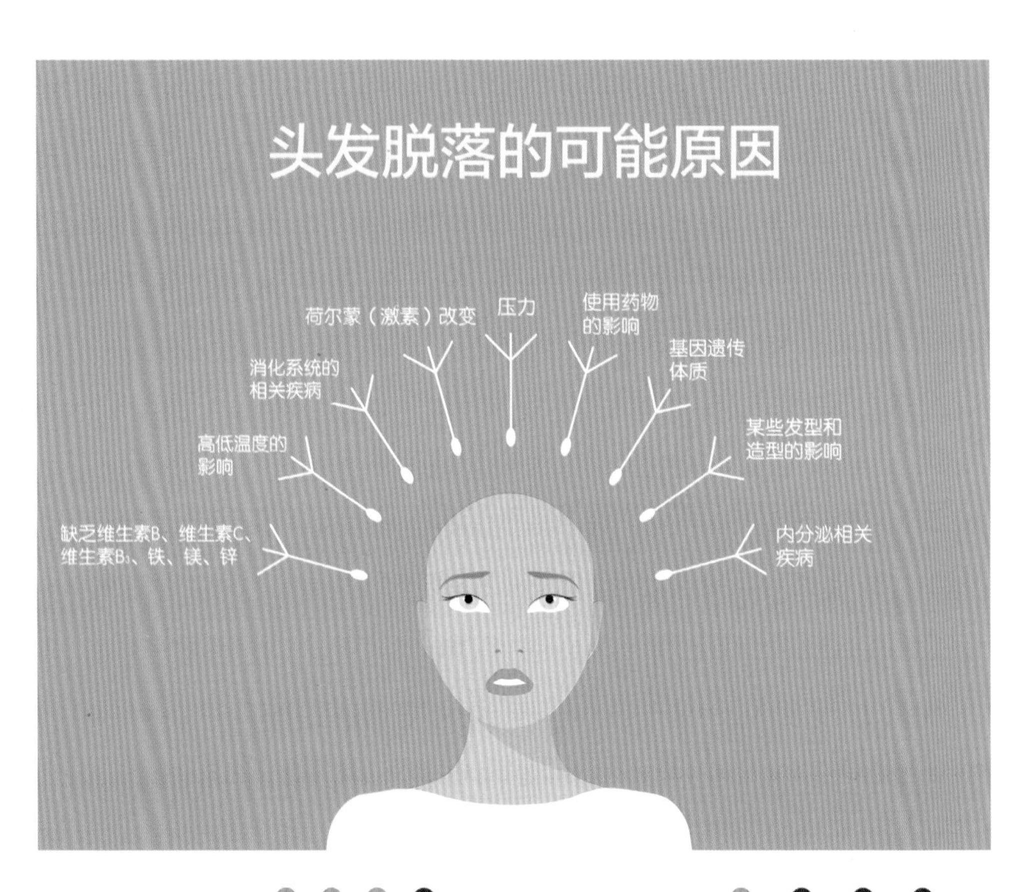
头发脱落的可能原因
荷尔蒙（激素）改变
压力
使用药物
的影响
消化系统的
相关疾病
基因遗传
体质
高低温度的
影响
某些发型和
造型的影响
缺乏维生素B、维生素C、
维生素B_3、铁、镁、锌
内分泌相关
疾病

75%

25%

目录 Contents

Chapter 1 抢救头发，从发常识开始

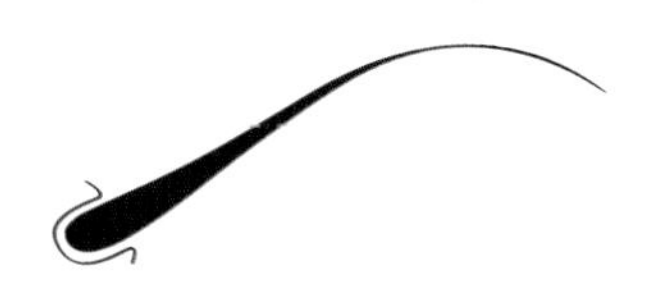

Chapter

2

抢救头皮，从日常开始

Chapter

3

抢救发秃大作战，跟着权威医师做最正确

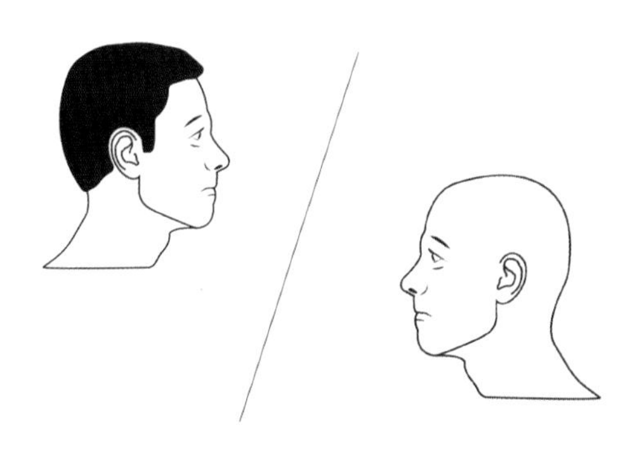

Chapter 4 植发，重建你掉落的青春与自信

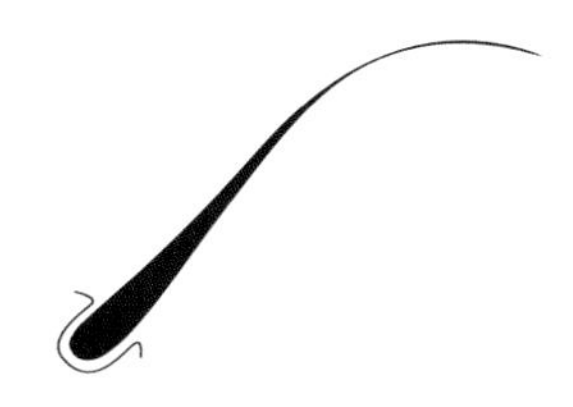

Chapter 1

抢救头发，从发常识开始

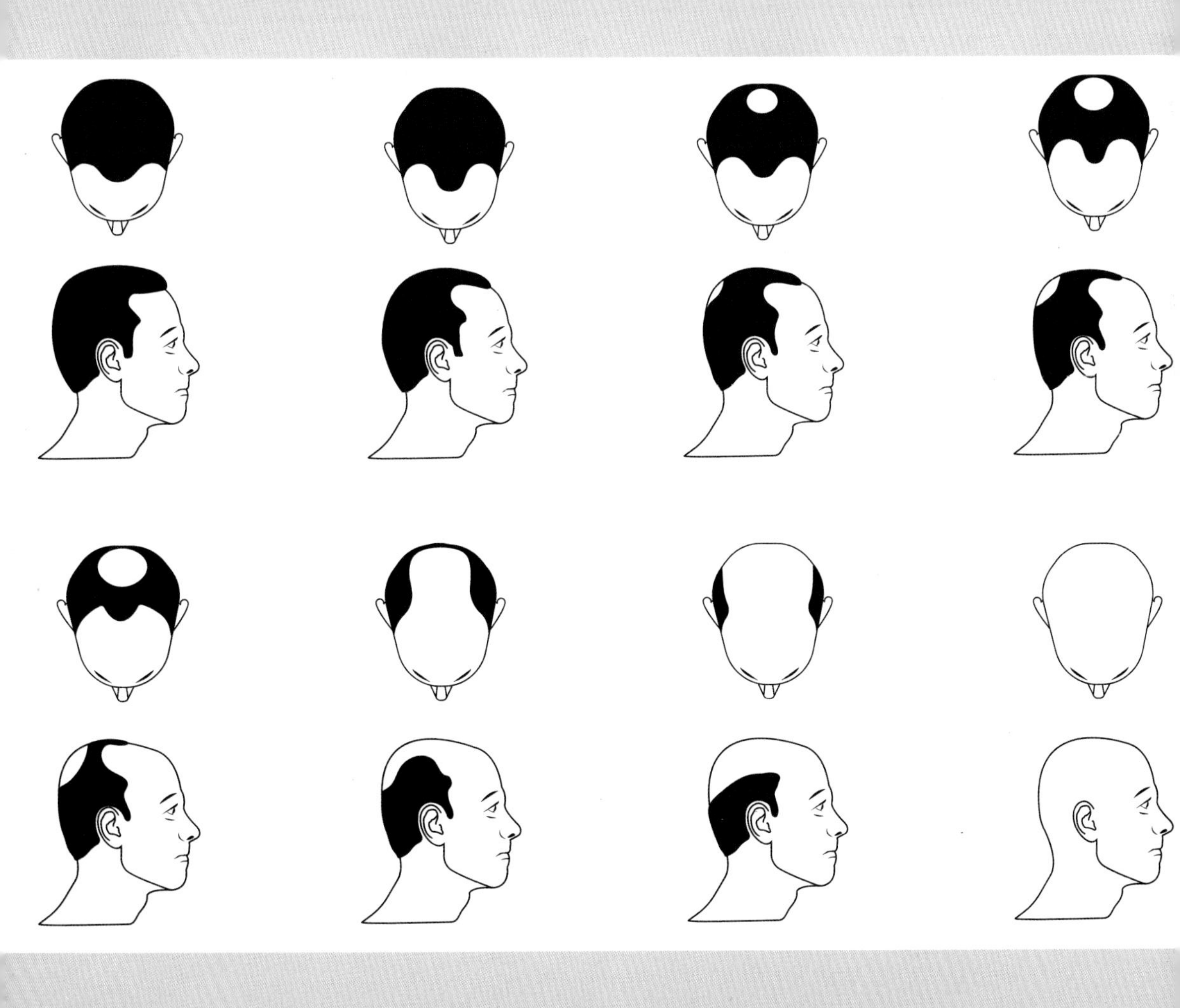

1-1 预防掉发，先从认识头发开始

一头浓密秀发是构成个人魅力的必要条件之一。当然，除了使人增加美感之外，头发还担负保护头部、夏天防晒及冬天御寒的功能。荷兰大学曾有一份研究数据显示，秃头的族群因为荷尔蒙（激素）的影响，分泌比一般人较多的雄性激素，反而降低罹患心血管疾病的概率。或许这则信息能稍稍安慰已经面临秃头危机的朋友，但更迫切的需求是如何同时保有头发与身体的健康。

对大多数人来说，不到一定的年龄，不会特别关注头发的健康与浓密，所以常常会忽略头发的问题，等到因为掉发或头皮问题对个人产生一定程度的影响，才会开始重视。但问题的发生都是经年累月的，一旦发现才开始挽救，也需要相对长的时间治疗。而许多人对于头发及头皮保养存在的困惑，也将一一提供正确的信息，但最基本的要从认识自己的头发及头皮状态开始，才能对症下药，有效地缓解头发和头皮的健康危机。

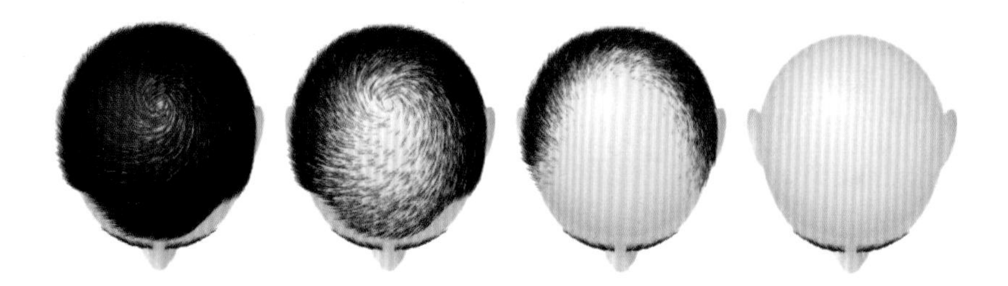

头发结构大解密

排除染发的因素，黄种人和黑种人的头发绝大多数为黑色，而白种人则有较多种颜色。头发之所以会有不同的颜色，是因为头发内黑色素分布的数量不同。头发存有的黑色素细胞分泌黑色素，黑色素含量的不同，决定了不同的毛发颜色。

黑色素可分为真黑素（Eumelanin）及褐黑素（Pheomelanin），真黑素呈棕黑色，而褐黑素则偏黄红色。当真黑素含量多，发色呈棕黑色，当真黑素含量较少，发色就偏向金色。当褐黑素含量偏多，发色就呈红色。当两者含量都减少，头发就会呈灰色或白色。

至于头发的数量与粗细，一般来说，白种人的头发密度最高，东方人的头发密度较低，东方人的头发直径为 0.05 ~ 0.20mm 不等，而且头发会随着年纪的增长而逐渐变细，在视觉上也会看起来越来越稀疏。

知道了头发大概的知识后，若想要对抗掉发及秃头，我们必须先来了解头发大致的结构。

别小看小小一根头发，它可是有着相当复杂的结构！大致来说，头发从下向上分别为毛孔、毛乳头、毛囊、毛根和毛干等，而头发的生理特征和功能主要取决于头皮表皮以下的毛乳头、毛囊和皮脂腺。

毛孔

大多数的毛发都有自己独立的开口，有些则是几根共有一个，这个开口就是毛发穿出皮肤或头皮表面的地方，我们称之为毛孔，也就是毛囊口。毛囊口呈漏斗状，容易积留皮脂和脏污。

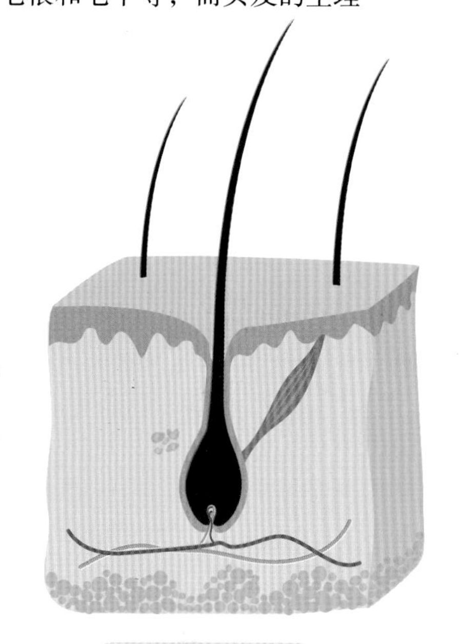

毛孔结构图

毛乳头

呈微小球果形的突起，大小恰好嵌入毛球内。毛乳头裹有丰富的微血管，主要提供毛囊所需要的养分。假如血液循环不良，真皮毛乳头获得的养分降低，会影响到毛发整个分化过程，进而影响毛发的健康生长。

毛乳头拥有一个非常重要的东西，我们称之为雄性荷尔蒙接收器（Androgen Receptor），它是造成雄性秃发的重要因素。

毛囊

毛囊有着类似管状的结构，从表皮一直延伸到真皮层甚至到脂肪层；毛囊最底部被称为毛球（Hair Bulb），是杵状结构，因此毛囊健康与否，和秃头的形成大有关系。

皮脂腺

位于整个毛囊的上端处，接近皮肤表面，会伴随有皮脂腺体，皮脂腺体开口位于毛囊内，主要分泌油脂，用来滋润毛发，使毛发柔顺，并使皮肤表面柔软、亮丽。皮脂腺分泌物的多寡，可决定毛发的油性、中性或干性（毛发干性是由毛鳞片含水量低、干燥所造成）。

毛干（发干）

露出头皮的部分称为毛干，也就是一般人所说的毛发。毛干从内而外分为三层，依次为：毛髓质、毛皮质及毛鳞片。其中大家最常听到的应该就属毛鳞片了。健康的头发，毛鳞片是很规则地层层排列的，呈现出光泽亮丽的模样；若经常吹、染、烫或拉扯，导致毛鳞片受损，毛鳞片就会排列得零乱不规则，头发看起来就毛糙无光泽，会变得容易断裂及分叉。

别过度担心掉发，头发是有生长周期的

知道了头发的结构后，我们来看头发的生长。头发有一定规律的生长周期，在生长一段时间后，就会脱落与再生，因此掉发只要不是太夸张，其实都无须过于紧张。

一般来说，头发的生长可分为三阶段：

生长期（Anagen Phase）、退化期（Catagen Phase）与休止期（Telogen Phase）。

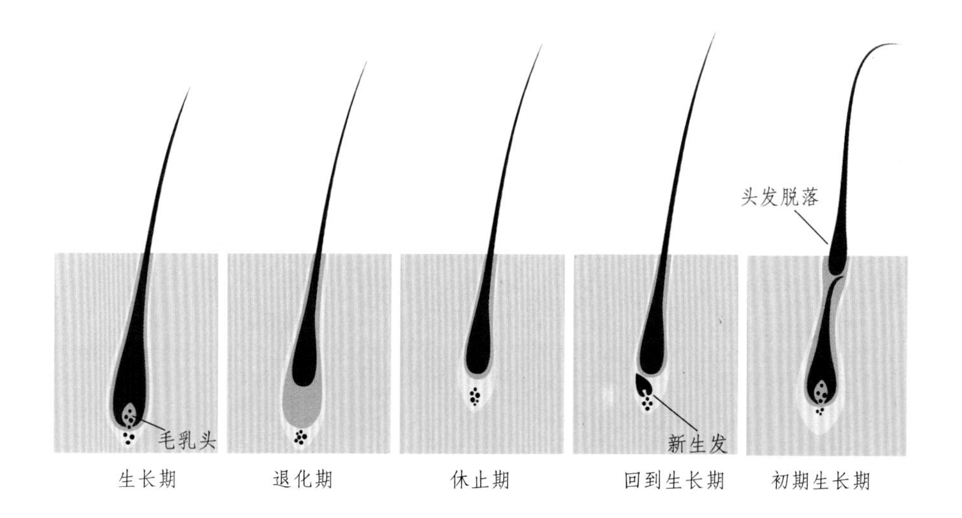

头发的生长循环

生长期

当毛囊底部的发干细胞持续分化，头发会持续生长，这样的分化生长可以持续数月到数年，每个人的头发会有不同的生长期，生长期越久，头发长得越长，也越不容易掉发。

退化期

头发停止生长的过渡期，有点儿像休眠状态，整个毛囊长度会变短，持续 2 ~ 4 周。我们每个人头上大约有 1% 的头发属于退化期，在这期间毛囊不再进行细胞分裂与毛发制造，毛囊细胞逐渐死亡，并逐渐往头皮表面上移。

休止期（掉落期）

头发即将结束生命的阶段，周期为 2 ~ 5 个月，这期间头发持续萎缩、变短，渐渐和毛囊松脱，因此容易因外来拉力而掉落，如梳头发、洗头等，我们头上约有 10% 的头发属于休止期，而在头发即将掉落的同时，毛囊也正开始忙着要长出新的头发。

由于不是全部的头发同时处在同一周期，因此全部头发一起掉落的情形是不会发生的，不需太过担心，梳头时掉头发也不用太焦虑，但若是有一次掉一大把的情形，还是得要小心是否因疾病所致，最好立即就医，请医师做专业的判断。

养发小常识

Q: 一天掉 100 根头发是正常的吗?

A: 是正常的，不用怕会因此秃头。

头发有其生命周期，生长期占全部头发的 90% ~ 93%，也就是休止期毛发占 7% ~ 10%。前面提到过，头发平均有 10 万 ~ 15 万根，因此休止期头发占 7000 ~ 10000 根，若将这些头发平均分布于整个休止期 3 个月（以约 100 天来计算），一天可以分配到的休止期毛发有 70 ~ 100 根，也就是一天最多可以有 100 根的掉发，约占休止期毛发的 1%。

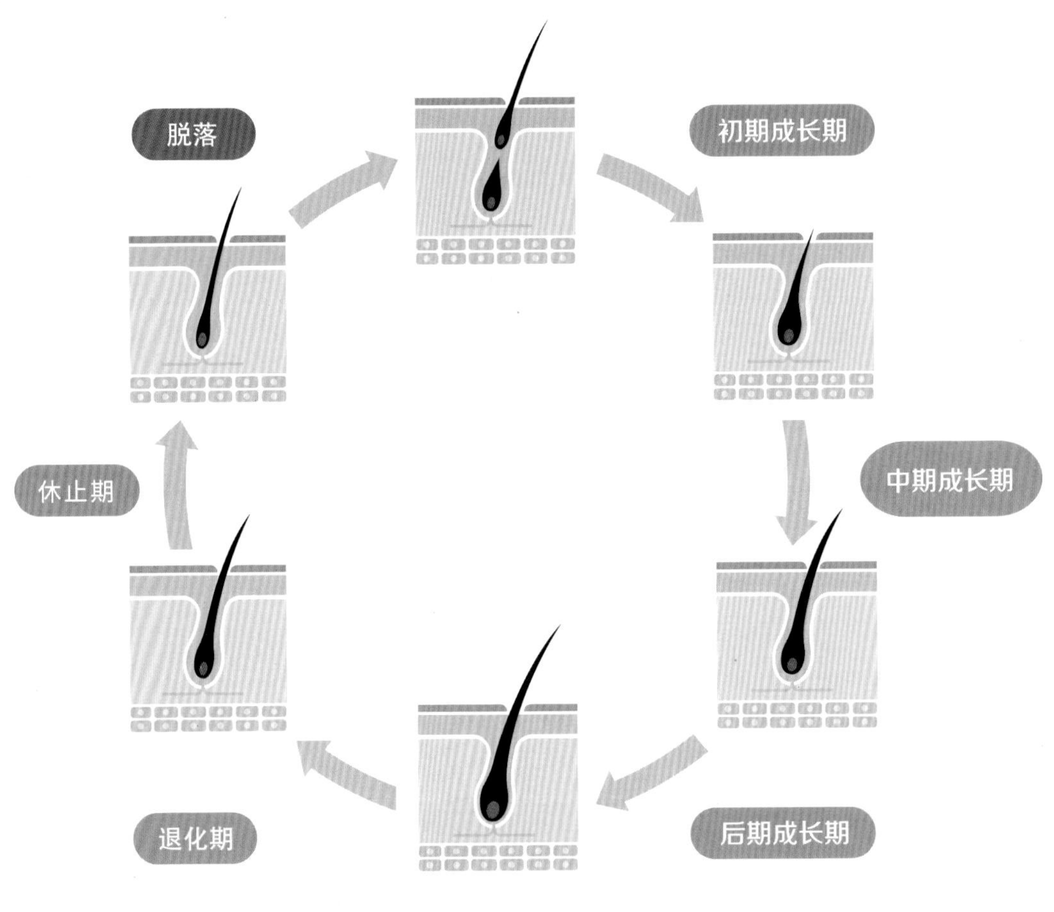

头发的生长周期表

1-2 “头皮”其实跟“脸皮”一样重要！头皮透露出健康的警告！

有健康的头皮才能养出健康的头发，头皮虽是皮肤的延伸，但皮肤会出现的状况几乎也都会在头皮显现！在这里，我们介绍头皮最常出现的问题与疾病，让大家对头皮有更进一步的了解。

你的头皮生病了吗？——令人困窘的头皮屑

当长发美女将头发往后轻轻一拨，原本应该充满十分撩人的期待，却看到头皮屑如雪花般飘下……惊艳顿时切换为惊吓，气氛瞬间尴尬。

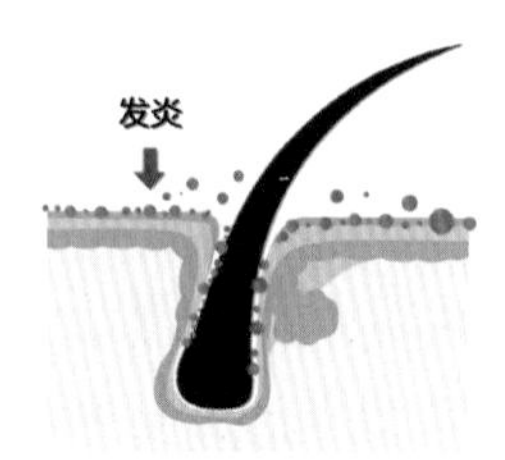

让人困窘的头皮屑成因很多，排除个人体质，不可不注意5大因素

头皮出油多

导致头皮屑的重要因素是一种皮屑芽孢菌[注]的寄生，这是一种人体皮肤上的正常寄生菌，以皮脂为食，过度增殖会导致头皮屑产生过多，所以头皮出油多的人容易出现头皮屑。这种油性头皮屑也常常伴随脂溢性皮肤炎或者毛囊炎的发生。

生活作息不正常

经常熬夜、睡眠不足，加上压力过大，都会影响到正常的新陈代谢，长期作息不正常将导致头皮屑增多。

㊟ 皮屑芽孢菌：主要存在人和动物的皮肤上，此种真菌嗜油脂，当繁殖速度过快时就会出现瘙痒感与皮屑。（数据参考自维基百科）

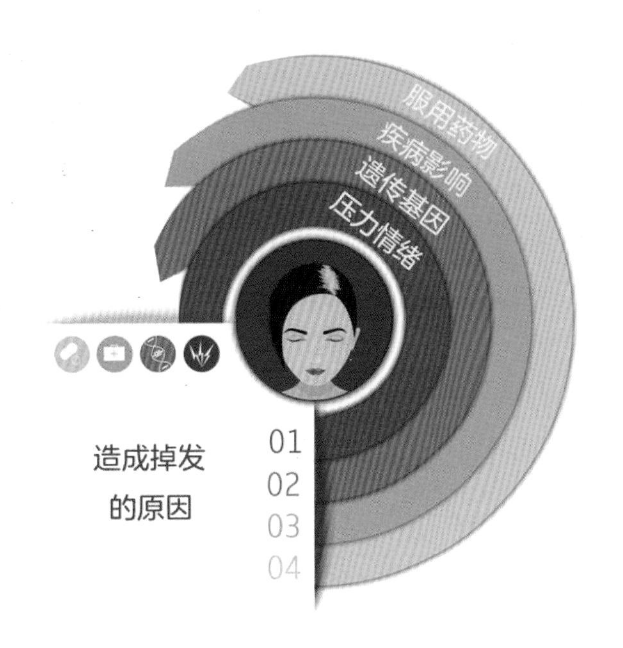

辛辣饮食

不良的饮食习惯，尤其是辛辣饮食，会影响营养物质的吸收，影响身体代谢，头皮屑也会增加。因此，要多吃青菜、水果，少吃油腻及含糖高的食品。

身体不适

身体不舒服时，也容易出现头皮屑增多的情况，如胃肠功能障碍、内分泌失调等常会导致很多激素的改变。

过度清洁

不少人以为头皮屑的出现，是因为自己洗头不够干净，因此过度洗发，但这是错误的，因为过度洗发可导致头发干燥缺水，反而会加重头皮屑的产生。

对付头皮屑的一般方法，就是采用去头皮屑专用的洗发露，温和洗净头皮。去头皮屑专用洗发露会添加多种抗屑成分，去屑洗发露种类有很多，大家可慢慢挑选出适合自己的，若是头皮屑问题有改善，可以慢慢减少专用洗发露的使用次数，跟一般洗发露交替使用。

若是已经试过很多种洗发露依旧无法解决问题，可以找皮肤科医师开类固醇药水或者药膏，止痒并减缓头皮屑的生成。

“油头感十足”的脂溢性皮炎

这是十分常见的头皮问题，以出油旺盛、头皮屑过多、发痒及红肿为表现，除了好发于头皮，脸部 T 字部位如眉毛、鼻沟，嘴巴周围及耳朵也属常见。头皮脂溢性皮肤炎好发在秋冬或季节交替时，一般认为是疾病、压力、季节变化等因素使得皮脂腺分泌不正常，而导致皮屑芽孢菌过度滋生，但真正的致病机理还没有被确认。

如果发现有头皮脂溢性皮炎，可以到皮肤科就诊，请医生针对病情开处方药物涂抹。

号称“白雪公主”病的干癣症

干癣症又称为“银屑病”，是一种慢性的炎性皮肤病变，常常被人误认为俗称“牛皮癣”的慢性湿疹，但两者是不同的。干癣症发生时，头皮会出现大片红色斑块，且上有一层厚重的银白色皮屑，身体任何一个部位也都有可能发生，但不少患者发病前几年只出现在头皮，症状和脂溢性皮炎相似，然而面积一般比较大且不痒。

有 5% ~ 7% 的干癣症患者会有关节炎的病变，诱发干癣疾病的原因目前并不清楚，但是临床上有几个因素是可能会引发干癣症的。

遗传

遗传是引起干癣症的一个很大的因素。如果父母本身患有干癣症，那么子女得干癣症的概率较高。

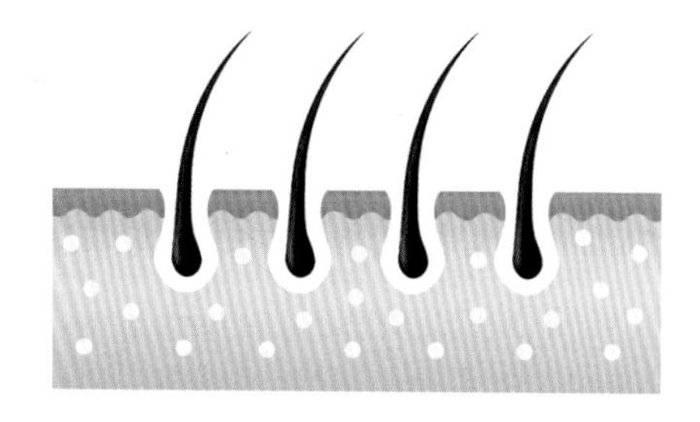

种族

不同种族的基因表现不同，所以也与干癣症的发生有关，如白种人的干癣症发生率就高于黄种人。

内分泌

临床发现，多数女性干癣症患者在怀孕时期症状改善，但是在生产后会再度恶化，所以推论干癣症与内分泌的影响有关。

免疫与感染

感冒或上呼吸道感染时，容易发生点滴状干癣症；免疫功能比较差的时候，也可能容易引起干癣症的发生。

情绪

过度紧张或疲劳的情绪，可能会引发干癣症或使病情加重。

干癣症的治疗方式为：外用药膏、口服药物、针剂及照光治疗。但由于干癣症真正的致病因素目前仍不清楚，所以没有所谓“断根”的药物，犹如内科的高血压或糖尿病，干癣症是一种仅能控制而无法完全根治的疾病。

小心！“毛囊炎”引发永久性脱发

毛囊炎，通常是秃头的信号之一。毛囊炎多好发于成年人，像头皮长痘痘一样，毛囊炎刚开始只有针头大小的红色毛囊性丘疹，逐渐变成大脓疱，中心有毛发贯穿，周围有发炎性的红晕，之后脓疱分批出现，这些脓疱会在破掉时排出少量脓血，结成黄痂，结痂脱落即痊愈，不留疤痕。不过，毛囊炎可反复发作形成慢性毛囊炎，严重的话会引起永久性脱发。

头皮毛囊炎常见于头皮出油严重的人，所以常发生在经常戴安全帽，或者是不注意头皮清洁的人，如果再加上有脂溢性皮炎，更容易发生，若再加上气候炎热，头皮毛囊炎的发生概率会增高。

头皮毛囊炎分为细菌性毛囊炎和霉菌性毛囊炎。

细菌性毛囊炎通常不会造成掉发，感染范围也不会扩大，平时只有轻微的痒感，但发炎较严重时会出现强烈刺痛感。不过要注意的是，虽然细菌性毛囊炎会自行痊愈，但若完全不加理会，也有可能恶化成“蜂窝性组织炎”，不可大意！

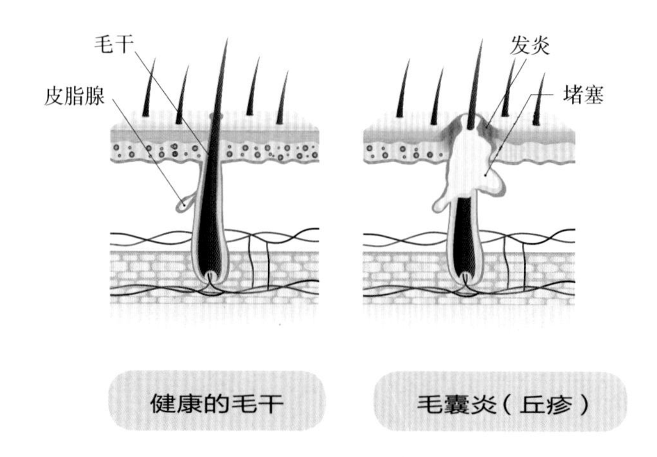

至于霉菌性毛囊炎，患者初期只会觉得头上多了痘痘，头皮屑变多，然后出现局部掉发现象，症状其实不明显，因此很多人都会因此忽视，

但若不加以治疗，感染范围会进一步扩大，掉发情形会越来越严重。不过也不用太过担心，初期的掉发都还有救，只要合理治疗，头发还是会长回来的，但若是长期不加理会，让毛囊长期发炎，将会破坏毛囊，掉发一去不回头，成了不可逆的掉发。

让秃发患者伤心的是，有时在治疗秃发使用外用的生发药水时，有部分人却会因此患上毛囊炎。之所以会有这种情形发生，除个人体质外，还可能是因为使用生发水过量，或是清洁工作没有做完全导致。值得庆幸的是，这种原因引发的毛囊炎多半是细菌性毛囊炎，多半是可以痊愈的，只要请皮肤科医生诊断是否须暂时停止外用生发水，待治疗好毛囊炎后，再继续使用生发产品。

虽说毛囊炎十分恼人，但只要平时注意头皮清洁、作息规律，就能降低发生的概率；若一旦染上毛囊炎，要尽早找皮肤科医生诊断，切忌自己随便找药擦，也不可不加理会。及早治疗，才能留住头上的“茂密森林”！

养发小常识

你绝对想不到“保养毛囊”有多重要！！

是杜绝秃发、掉发的关键

毛囊的健康与否和秃发问题可是息息相关的！

毛囊数量从出生后就固定，不会再增加，平均而言，一个人头皮有10万～15万个毛囊。一个毛囊只能长出一根头发，通常2～4个毛囊会聚集在一起，称为毛囊单位（Follicularunit），因此从外观看起来，每一个毛囊开口会有2～4根头发。

雄性秃大多是因为毛囊渐渐萎缩，变得细小，我们称之为“毛囊微小化”，头发会由粗毛逐渐转成微小的细毛，且毛囊周围合并有纤维化的现象，头发就会变细，甚至掉落。此时若不做任何的努力或改变，毛囊随年龄继续增长而逐渐萎缩，终被纤维组织取代，就不会再有头发长出了。

不仅如此，即使没有雄性秃的人，随着身体老化，头皮毛囊数目也会随之减少，相对的发量会因为变老而减少。

毛囊的生命就跟人一样，一旦失去就无法挽回，将“无发可生”。当掉发或秃发情况严重时，表明头皮大部分毛囊已萎缩甚至死亡，此时已错过生发的黄金期，如果不及早采取生发行动，时间一拖，想要挽回发量就很困难了。

因此，如何不错过毛囊抢救的黄金期，是害怕秃发的人必须积极且及早努力去了解的，许多生发水的作用，就是促进血液循环，让毛囊获得足够的养分进而生发，及早使用药物让毛囊减少受到二氢睾酮（DHT）[注]的影响，避免进入无法回头的完全萎缩状态，对于不少人来说都会有不错的效果。

然而要如何抢救毛囊？除了饮食均衡、不熬夜、多运动之外，若是经过医师评估后为雄性秃的患者，可在治疗黄金期内考虑服用口服药物，或是涂抹生发药水，抢救毛囊，才能让头发恢复正常生长。

㊟ 二氢睾酮（DHT）：英文全称 Dihydrotestosterone，是一种雄激素，一种刺激雄性性征发展的荷尔蒙。

1-3 白发是老化的信号吗?

“老了老了,头上长了一堆白头发!”常听到长辈们如此念叨着,“白发”几乎是仅次于秃头的困扰,尤其对爱美的女性们更是如此。通常白头发被认为是老了的象征,不过白头发到底是如何出现的?有办法把白发变黑发吗?

毛囊黑色素细胞制造黑色素,在这个过程中累积大量的自由基。当黑色素细胞老化导致无法正常清除自由基,累积的自由基就会开始破坏黑色素细胞原本能够制造黑色素的能力,这的确是正常的老化现象,不必太过担心。

非正常的毛囊老化造成的白发原因

精神压力大

饮食不均衡

曝晒

过度吹风染烫

引起白发产生的疾病

贫血	结核病
肠胃疾病	动脉粥样硬化

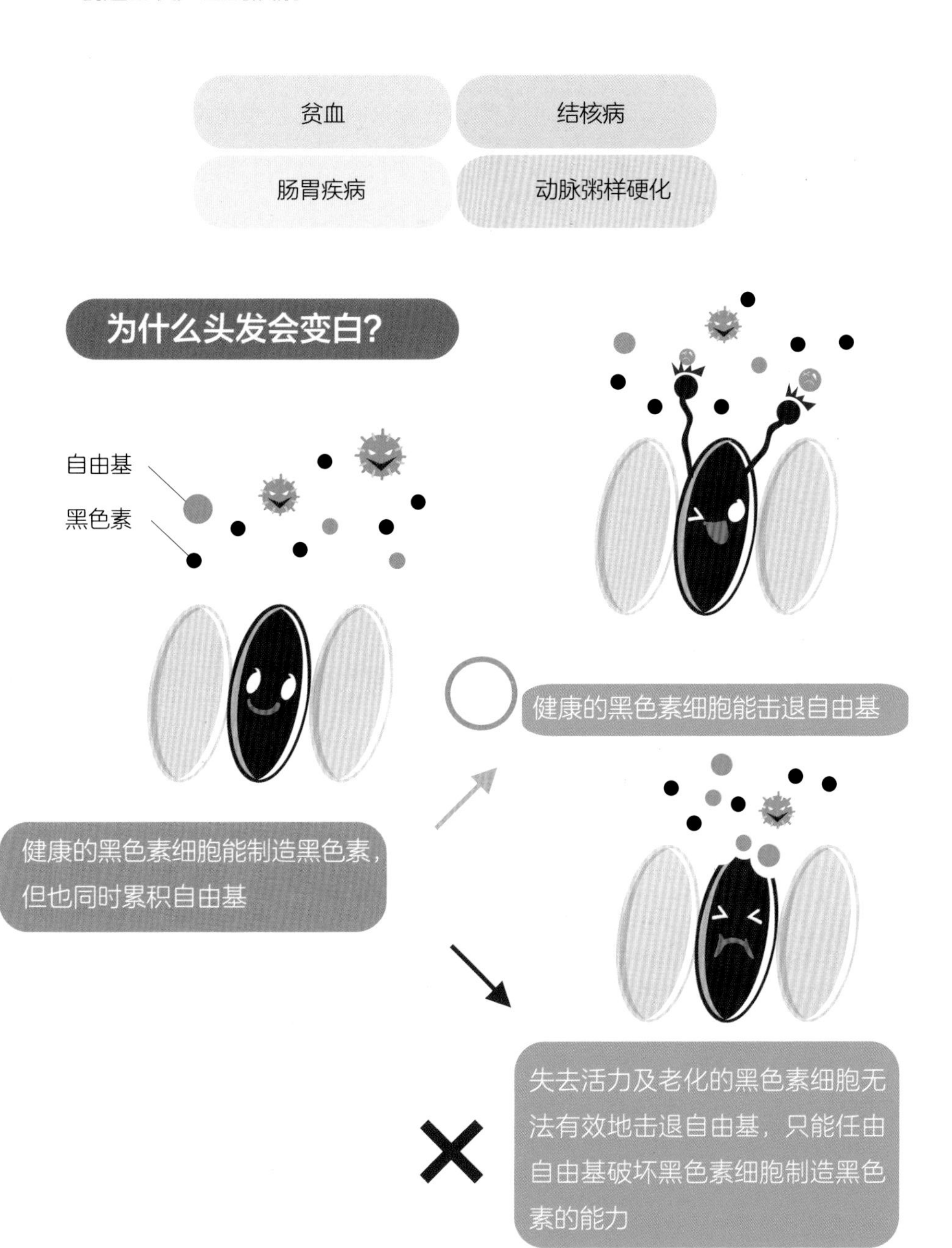

遗传基因，决定何时白发

白头发不一定代表老化，只说明了毛囊中的黑色素可能减少得比较快一些。从医学的观点来看，白头发或灰头发是黑色素日益减少的结果。人在出生的时候，基因就决定了一个人的黑色素何时会逐渐递减，当然，其中也包含递减的速度。

这也是为什么有些人从十几岁就开始有白头发，也就是大家常说的“少白头”，而有些人到了五六十岁依然满头乌黑亮丽。

上帝的确是不公平的，遗传决定了头发的变化主因。不过，虽然许多“少白头”的人，父母很早就有白头发，但兄弟姐妹之间出现白发的时间和速度还是会有差异。

英国 Kaustubh Adhikari 博士团队（专门研究细胞与发育生物学系）发表最新的研究论文中指出：人体中被称为 IRF4 的基因对白发生长及头发形状（卷发或直发）与密度的确有影响，不过年龄确实也是导致白发的主因之一。大致来说，每个人 30 岁以后的每 10 年，由于毛囊中的黑色素细胞逐渐老化，发色变白的概率增加约二成。35 岁以后，随着年龄的增长，发色逐渐灰白都属于正常的老化现象，虽然恼人却也不用太担心。

疾病也是白发的催生者

当然，白发也可能是疾病的信号，一些自身免疫性疾病所造成，如白斑、甲状腺功能失调，维生素 B_{12} 或烟酸缺乏症、脑炎、贫血、肺结核、抑郁症等，也都是造成白发出现的原因。

以白斑来说，这个因自身免疫细胞攻击皮肤的黑色素细胞所引起的疾病，皮肤外观会出现如粉笔灰样的白斑，白斑常见于脸部及手背，症状严重者，白色区域可扩及全身。不过，白斑其实不只会显现在皮肤上，临床上白斑病灶上的毛发也常是白色的，这是因为发根部位的黑色素细胞也受到自身免疫细胞攻击所致。

此外，甲状腺功能失调，如甲状腺素分泌不足或过多，都可能是造成白发的原因；严重贫血的人常常容易产生白发，就是由于身体无法妥善吸收足够的维生素 B_{12} 所致。

大抵而言，疾病所致白发都是因为黑色素细胞死亡或减少，当黑色素细胞无法再产生黑色素供应给角质细胞时，白发就产生了。

不可忽略！你的白发是疾病的信号！

白斑	脑炎
甲状腺功能失调	贫血
苯丙酮尿症	肺结核
维生素 B_{12} 缺乏症	抑郁症
骨质疏松	

正确摄取营养才能保住一头黑发

除了上述因素外，白发也可能是营养素缺乏所导致，维生素 B_{12}、铜、锌、铁都被发现与头发的早白有关。

若是因为不均衡饮食导致白发产生，就是非正常的毛囊老化。许多人不清楚，其实吃进的营养素也会影响黑色素细胞功能退化的速度，因此虽说遗传不可逆，但我们还可靠后天的努力，多给黑色素细胞补充营养，就能延缓头发变白的进程！

“均衡的饮食”势必是不可少的方法，头发主要是由角质蛋白所构成，因此，蛋白质和氨基酸的摄取十分重要，但是作为辅助功用的维生素及微量元素也不可或缺。

促进身体健康的营养食材一览表

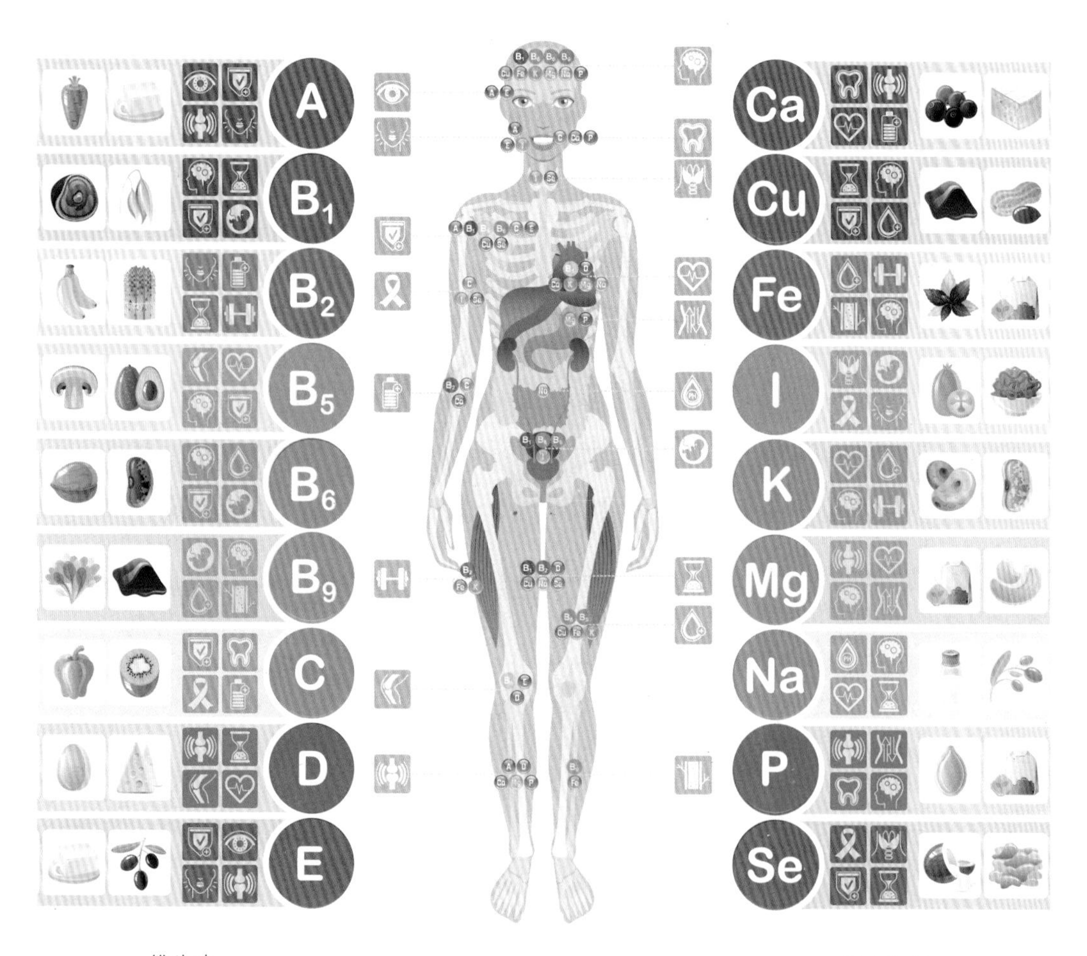

运用食疗，养护健康有方法

中医认为，容易掉发、有白发的人，是因为肝血不足、肾阴虚损，由于肝肾同源，补肾可以养肝，因此，想要养出一头黑发，需要从养肝血补血、养肾阴补肾着手。

中医认为吃黑色食物可以补肾，黑芝麻、黑豆、黑木耳、黑桑葚、海带、紫菜、何首乌等食物，具有养肾的功效。运用饮食调理是五千年的老祖宗智慧，或许可参考，但前提是不要造成巨大的经济压力，也不要盲目地使用过多的剂量。

毕竟目前还没有足够的科学证据，可以确定指出这类产品或药品的功效！

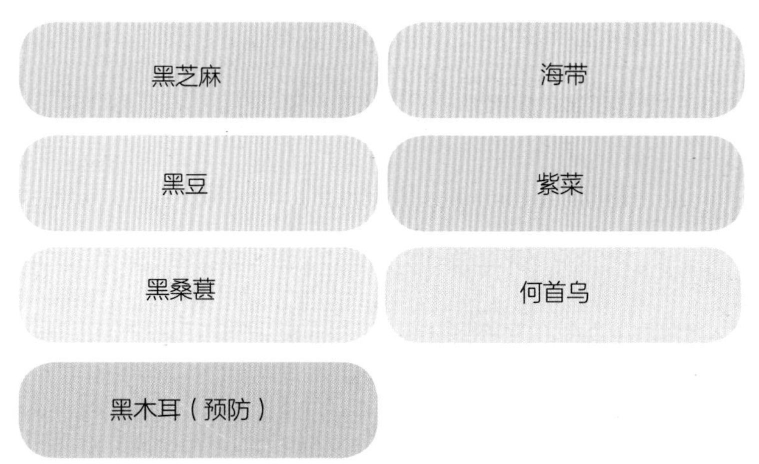

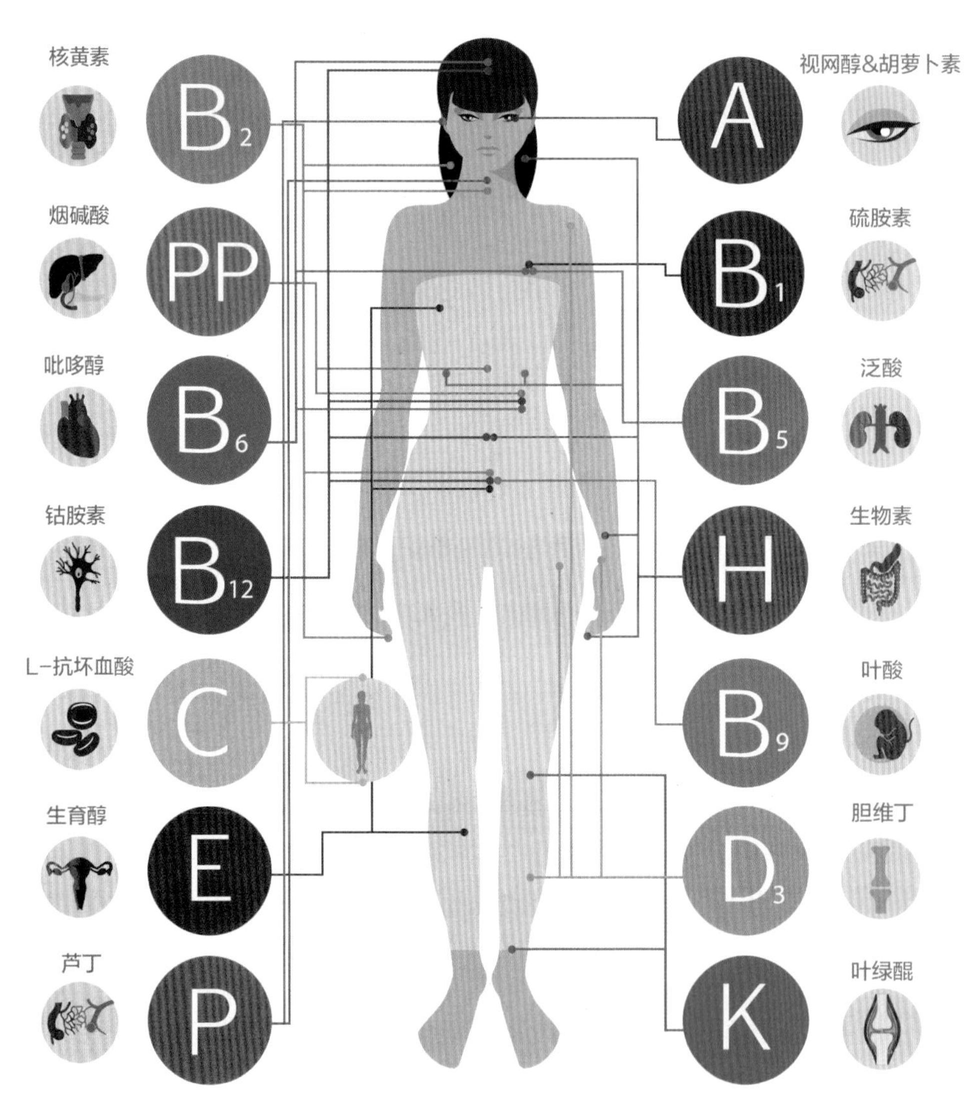

维生素在人体内扮演的角色

（此数据为大致资料，非绝对性准确）

情绪因素也会让人头发变白

情绪也会让人头发变白吗？是的，人在用脑过度、压力过大或重大的情绪变化之下，也有可能影响头皮的血流状况，导致头皮毛囊区酪氨酸代谢紊乱，毛囊若无法获得适当的营养，会影响黑色素细胞和角质细胞的正常运作，因而产生白发。

不过，虽说压力会生成白头发，但一夜满头黑发变白发的可能性还是低。

压力与情绪导致的白发，当然也是非自然的毛囊老化现象，因此，压力大的现代人别忘了时常保持轻松愉快的心情、减轻压力，才能让一头亮丽的黑发更为持久。

身体黑色素细胞也有保存期限

如何才能有效预防白发的产生？身体黑色素细胞就像食物一样拥有保存期限，每个人的时间都不相同，除却这个基因的天然因素之外，提供足够的营养也是重点，放松心情当然也是另一个必要的条件。

此外，还必须减少风吹日晒及化学药品的使用，避免伤害头发，还要减少吹风整烫。烈日下的曝晒、化学药品（如洗发露和染发剂），都会伤害头发。

至于已生成的白发是否有办法变黑发？中医上的理论认为是可行的；而在西医的立场，白发本身若只是黑色素不足，还是健康的头发的话，如能改变饮食习惯及作息时间，仍有可能恢复为黑发。

是否有针对白发的特效药？事实上，除了染发剂，所有号称能快速

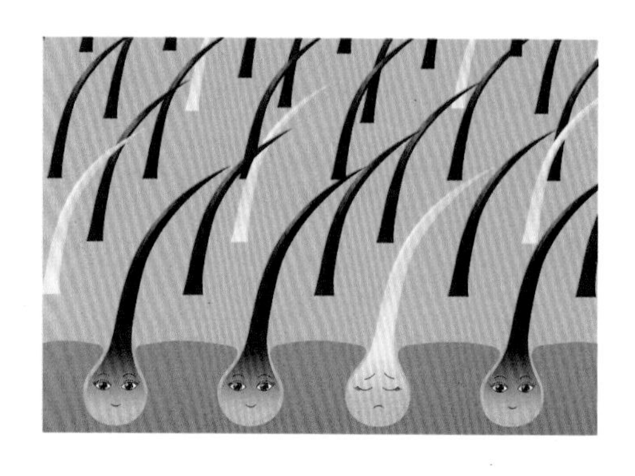

使白发变黑发的产品都不可信。不过，染发剂中的主要成分对苯二胺，对水源环境中的微生物有致突变风险，建议少用。

换个方向想，白发虽然让人外表看起来不再年轻，但至少还是有头发可以变白，已经足够让秃发的人羡慕不已啦！

养发小常识

Q: 白头发真的会拔一根长三根吗?

A: 错！拔白发与长白发之间没有任何关系。

白头发的生成，是因为毛囊内的黑色素细胞被破坏或是已经退化，而一旦头发没有黑色素，长出来的头发就是白的，不论拔掉几次，新生的头发长出来后仍旧是白色，不会再变黑。

那究竟白头发该不该拔呢？其实拔掉白发也不过是暂时性的，因为日后再长出来的头发也只会是白发。但要注意，直接将白发拔掉，毛囊会因此受损，不但长出新发的概率降低、速度变慢，周围健康的毛囊也受到损伤，使得头发的黑色素制造也随之减缓，最后其他头发不是跟着变白，便是质地跟着变坏，反而得不偿失。

1-4 原来你以为的头发知识都是错误的！养发族最想知道的头发问题 Q&A

Q1 民间习俗流行婴儿满月要剃胎毛才会让头发长得更浓密，是真的吗？

A

胎毛剃掉后头发会长得更快、更粗、更浓密，这观念在老一辈人当中可谓根深蒂固，也影响了年轻一代的父母。然而婴儿剃掉胎毛后，头发会长得更浓密吗？

答案是否定的。

基本上，毛囊在1岁左右开始才进入活跃期，剃与不剃，头发直径都会在1岁后开始增粗，至于头发的浓密、粗细、颜色，主要还是由遗传决定。

真正影响宝宝头发健康的因素包括：遗传、营养、护理和疾病。父母的遗传基因自然对孩子有着极深的影响，此外营养是否充足也关系着头发的状态，护理和疾病可以摆在一起讲，若对宝宝头部的清洁不彻底，会导致头皮细菌感染，有时会损伤毛囊（剃发也有可能损伤毛囊），让头发再也长不出来。

Q2 经常绑头发会造成秃头?

A

不会的，绑头发并不会造成秃头，但会造成其部位掉发量增加。

但如果经常习惯性绑同一种发型，例如前额梳光扎成马尾、绑公主头，或头发经年累月固定分一条线，就可能使长期受外力拉扯的部位掉发量增加。

因此，女性朋友可以尽量避免每天长时间绑头发。

如果要绑的话，可变化发型，不要一直绑同一区域的头发，也不要将头发绑太紧，并且可常常换边分线，避免因拉扯导致掉发。但是像美国黑色人种那样的编织头发，同一部位绑得过紧，而且持续时间又是经年累月，则可能要造成局部暂时性秃发，时间久了也可能形成永久性的疤痕性秃发。

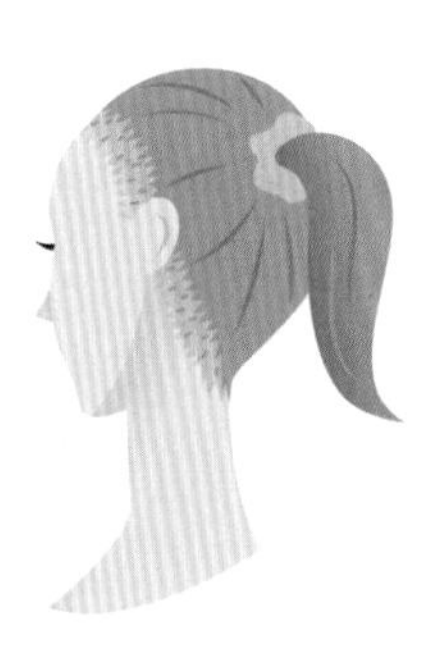

Q3 头发愈长，愈会掉发吗？

A

错，掉发皆为个人体质与日常习惯导致，更有生理性、病理性、药理性与遗传等综合因素，跟头发的长短并无直接关系。而因为头发长，掉落时也会容易造成视觉的错觉（头发会缠绕或至出水口误以为很多根，其实是同一根头发缠绕造成量多的错觉，需判断），而担心因头发长而养分不够，造成易脱落的观念是错误的。

梳头发并不会造成掉发量增加

Q4 因为怕掉发，所以不敢梳头，常梳头会造成掉发量增多吗？

A

这是很多人的心声！每梳一次头就看到有很多根头发掉落在地上、梳子上、衣服上，无端的恐惧让人不由得会减少梳头的次数。但事实真的是这样吗？

错！因为梳发而掉落的头发，多数都是不健康的头发，会随着新陈代谢而正常的脱落。

如果不是一大把一大把地掉落，在正常掉发数量内（每日约为 100 根），其实都是正常的。正确地梳发能够有效地养护头皮。在中医的理论中曾提出头部也有相对应的穴位，因此正确地梳头不仅能梳理头发、按摩头皮还能促进气血循环，并且能在梳理的同时清除多余的皮脂与脏污，维护毛囊的健康。

建议梳头应该在洗发前与吹干后梳理，尽量避免在湿发的状况下梳，以免过度拉扯头皮。而头发打结时想要借由梳发梳开发结时，应该一手拉住发结上缘，另一手拿着梳子轻轻地梳开，切勿过度拉扯，或者直接梳理，如此就能避免因为拉扯而掉发。

Chapter 2

抢救头皮，从日常开始

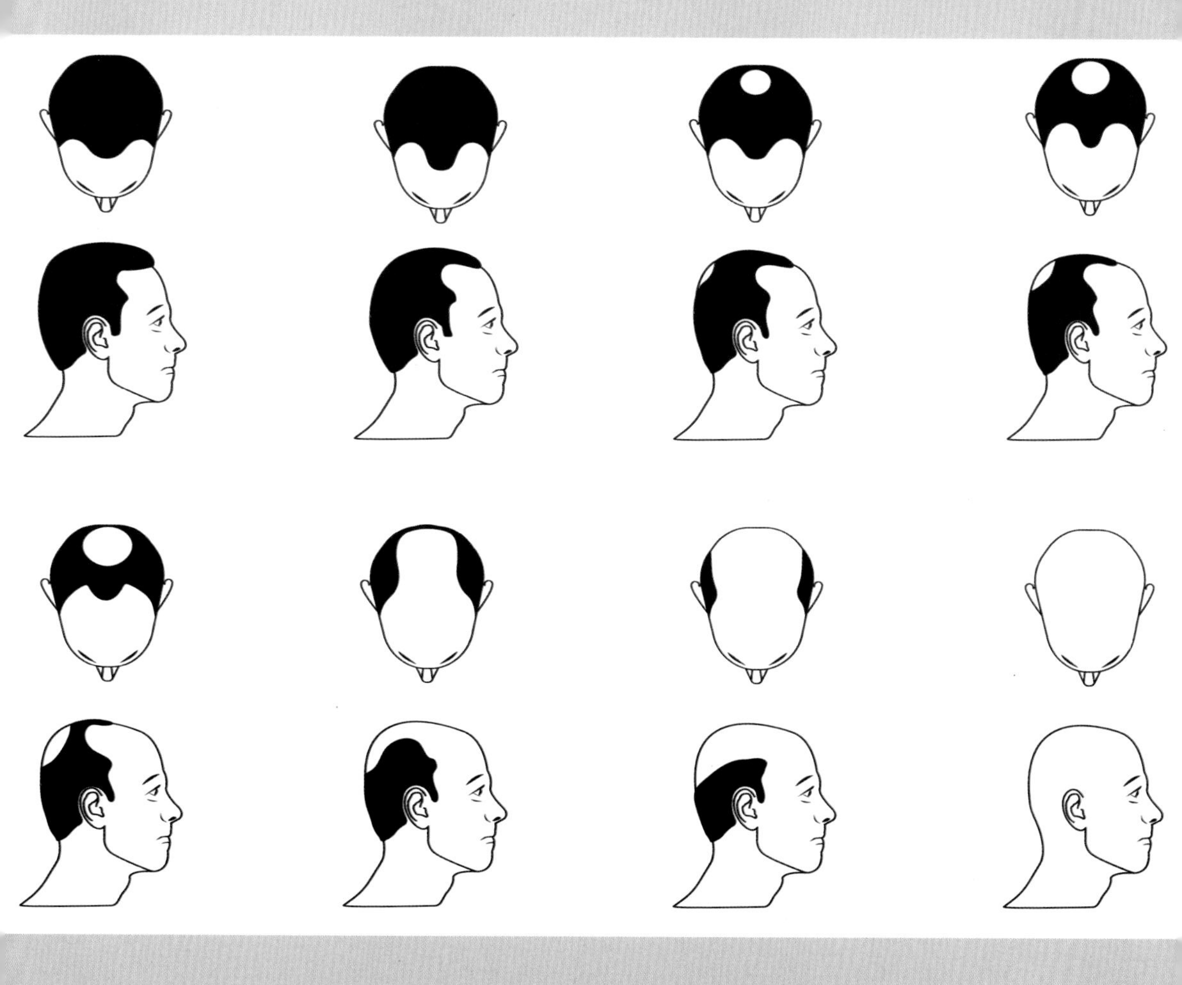

2-1 你的头皮犯了初老症吗？

我们常听到“头皮年龄”的说法，头皮真的也有年龄之分吗？如何从外观判断头皮年龄？男性可从前额与头顶的发量及发际线来判断头皮老化的程度；女性则可以从头顶发线的宽度与发量来判断，这是最直接的判断方法。从头发的粗细（新生的发比原来的发细）、毛囊新生发的数量也可看出头皮老化的程度，因此头皮的老化也会随着年龄的增长逐渐外显。

根据东京医科齿科大学的西村荣美教授的研究发现，白发与掉发的原因在于缺乏一种名为“XVII型胶原蛋白”㊟的蛋白质。年纪大，胶原蛋白流失，头皮自然也就出现老化的现象。然而由于现今环境的快速转变，头皮老化亦逐年有年轻化的趋势。

㊟ XVII型胶原蛋白：此为日本东京医科齿科大学等研究团队发表研究成果，引用来源为：https:/ www.ncbi.nlm.nih.gov/m/pubmed/26912707/

头皮提早老化，遗传和日常习惯是关键

造成头皮提早老化的原因之一，和雄性荷尔蒙大有关系，不要以为雄性荷尔蒙只有男人才有，这是男女体内都存有的荷尔蒙。因此，无论是男性还是女性，都可能受雄性荷尔蒙影响而出现头皮老化，也就是所谓的遗传性掉发，只不过每个人发生的年龄并无一定。

不仅仅是遗传因素，由于头皮比脸部、身体肌肤更为脆弱敏感，若爱吃辛辣、油炸食物，工作压力大，熬夜，作息不正常，都会造成头皮老化；另外，错误的头皮及头发保养也会造成头皮提早老化，包括：洗头的次数过于频繁、洗头时以指甲抓头皮、平日没有做好防晒的准备（紫外线是造成皮肤老化的元凶之一，当然也包括头皮的老化）。使用了不适合的洗发露也会影响头皮，却不是主要因素。

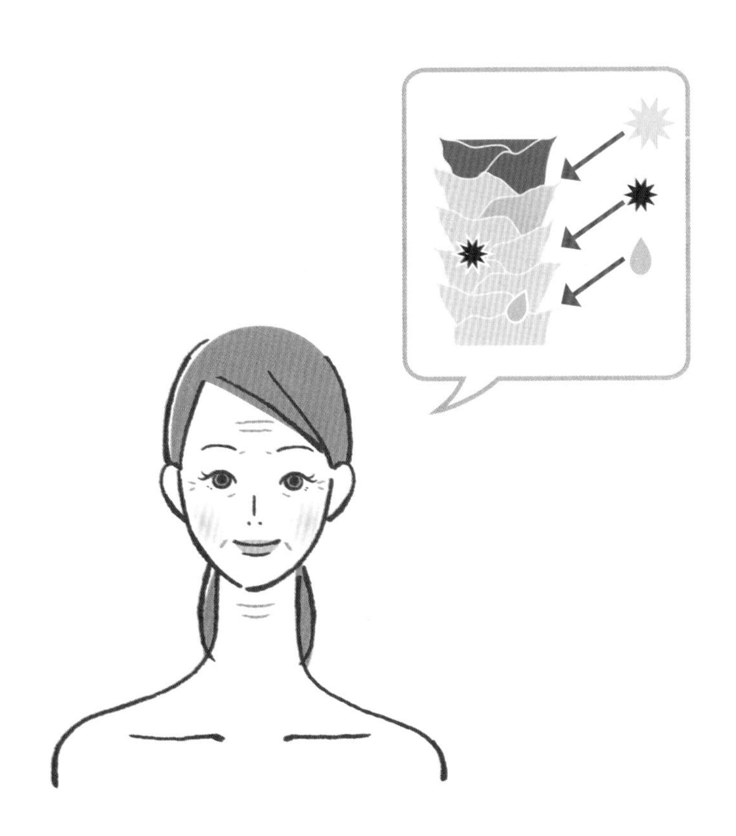

紫外线照射易造成头皮老化

4个关键，跟着权威医师学会自我检视头皮的老化程度

其实只要平日细心观察或记录，便能察觉头发健康状况的变化，头皮就跟面部皮肤的老化一样会透露出如皱纹、松弛等信息，头皮也会借着头发的状态透露出老化的信息，一旦这些信息显示在外观上，你开始发现掉发量增加、发际线愈来愈往后面移等，4个关键将提醒你检视头皮的老化程度。

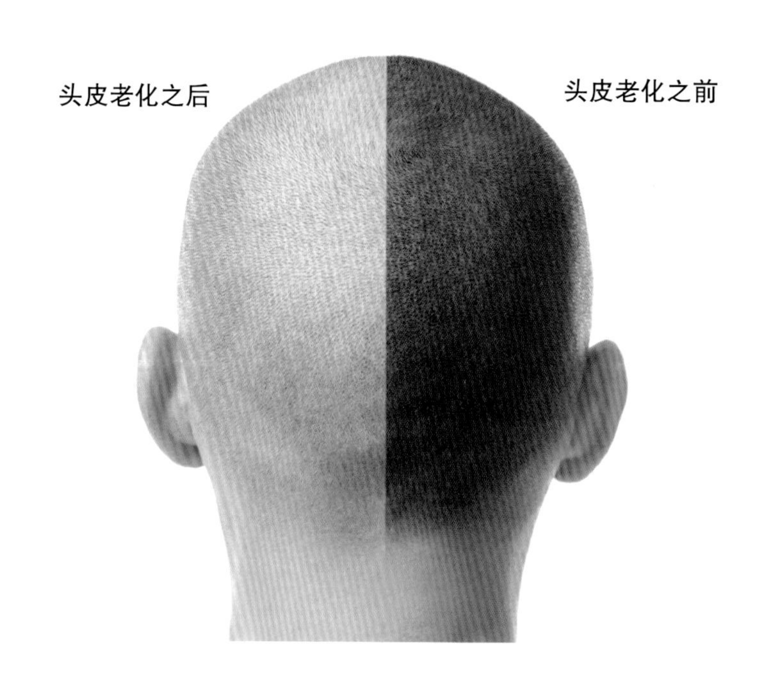

发量

要从掉发量与存发量两个方向辨别。关于正常掉发量的判定，以每日 100 根为正常的代谢量，病理性的掉发会呈现大把大把地脱落，当然也要将疾病的因素考虑进来。而存发量则关系到头皮上毛囊的健康状态，有健康的头皮才能有健康的毛囊。

举例来说，亚洲人平均每人约有 10 万根头发，欧洲人平均每人有 12 万 ~ 15 万根头发。以亚洲人来说，1 平方厘米的头皮内有约 110 个毛囊单位、250 根头发，若毛囊逐年萎缩，能产出的健康发也会跟着减少，发量自然也会减少。

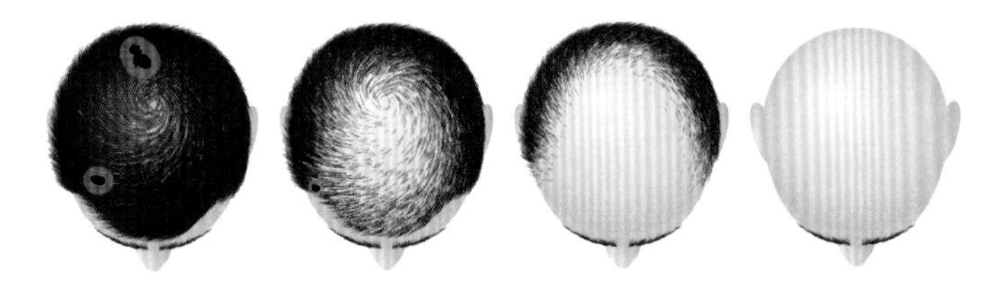

头发粗细

健康的毛囊可新生出发量丰盈、发质粗壮的头发，如果长出来的头发发量开始减少，发质开始变细，就代表毛囊开始萎缩，这是头皮年龄老化的信号之一。

发际线

对照以往的照片发现发际线逐年增高，有愈来愈往上的趋势，而最后便导致秃头的结局。发际线后退多半是因为头皮老化、毛囊萎缩导致影响毛发生长，而遗传基因当然是需要考虑的因素之一，但后天的压力、饮食与生活习惯等因素也需要参考，可采用合并治疗并参考植发的方法，改善发际线后移的困扰。

出油

刚洗头不久却又产生油腻感，伴随而来的还有瘙痒感与头皮屑。当头皮出现这样的症状，年龄增长自然是影响因素之一，但头皮出油促使头皮老化的成因中，饮食与日常生活的习惯是比较关键的，另外过度清洁（需要进一步判定）也有一定影响。

仅仅是改变一个习惯，就能让头发开始长回来

不过求美者也不用太过担心，提早发现提早治疗，对于头皮也是有效的。所以只要掌握掉发前奏的 5 个关键字——细、塌、少、疏、宽，只要出现就要即刻采取相应对策。所以，只要发现头发越来越细、越来越塌，发量对比以前照片锐减、头发略有稀疏感、头发分线或是发旋越来越宽……就应开始治疗，才有可能让毛囊恢复，进而回到掉发前的发量，让头皮回春。

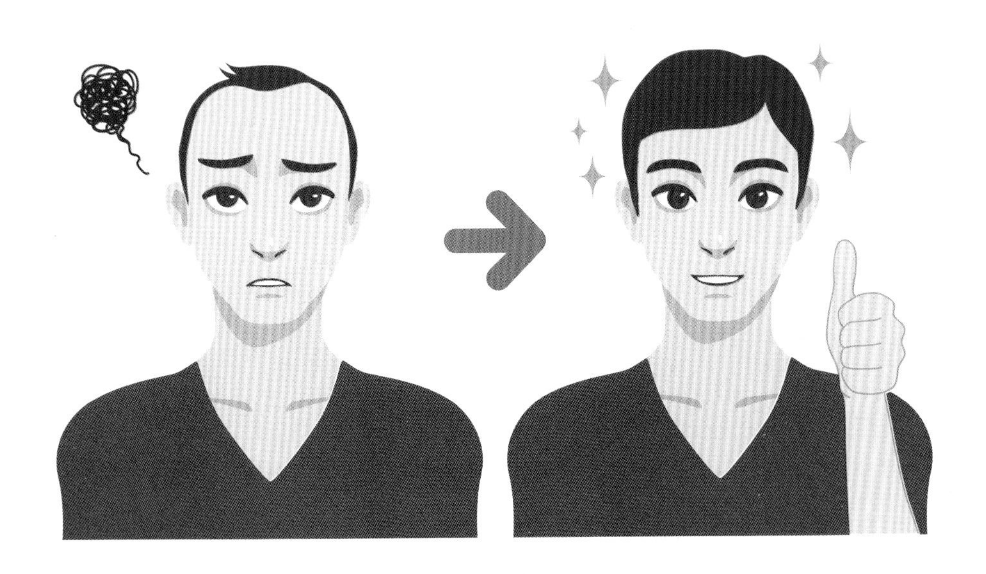

在日常生活中，也必须注意的几项原则

尽量减少染烫、使用化学品

长时间染、烫，就必须承担化学药剂伤害头皮、刺激头皮的风险，进而引发毛囊发炎及萎缩。因为刺激而促使掉发量增多，甚至无法长出新生发。许多追求美的人贪图便利而希望一次搞定染、烫发，虽然能够达到焕然一新的效果，但也存在着上述的风险，建议染发与烫发分开进行，因为同时进行不只会伤发质，同时更在无形中造成头皮健康的危机。若不能避免，请先烫再染，并且两种整发行为至少需间隔一周以上。受白发困扰需长期染发的人，最好能间隔三个月至半年以上，这是最安全、降低风险的做法。

学会真正且正确地清洁头发

洗发时，切记洗发露的量要适中，将洗发露置于掌心后搓揉起泡，以双手指腹均匀涂抹于头皮，并采用画圆的方式按摩头皮，开始最重要的洗头皮的工作，接着再清洁包覆在头发上的脏污，以如此循环的方式清洁需重复两次左右方能洗净。而过去认为指甲抠抓，或是使用塑料洗发梳，则容易过度清洁，伤及头皮。

想要头皮回春，先学会正常作息及控制饮食

辣、重口味，夜宵、油炸食物及甜食，容易促使肌肤老化，就连头皮也不例外，但其实头皮就跟脸皮一样脆弱，所以老化的不只是脸，头皮也会因个人的饮食习惯、工作压力、作息不正常而受影响。只是脸皮与头皮反映“老化”的方式不同，脸皮老化会反映为脸色暗沉、长皱纹等，而头皮则会因为嗜吃辛辣等刺激性食物，有刺刺麻麻的瘙痒感（此为掉发的信号），直接从生长期提早进入退化期，甚至是终止期。

防晒减少光损害是必要的

头皮就跟肌肤一样，难敌紫外线无所不在的照射，不只阳光，就连家中的灯光都要特别留意。不只脸部要做防晒，头皮及头发也应防晒，尤其是在秃发没有头发保护时。头皮出油容易造成头皮温度升高而晒伤，若室外温度 30 摄氏度以上，没有做任何防护，大约半小时就可能造成头皮晒伤。如果没有做好防晒，造成毛囊受损，还可能导致掉发。

若想做好头皮防晒，撑伞、戴帽子以及喷点喷雾型的防晒品必不可少，而涂完防晒品后也要记得洗发及清洁，以免防晒品与头皮、头发所产生的油脂与脏污堵住毛囊，而衍生成为脂溢性毛囊炎。

想要头皮回春，请跟着权威医师这样做！

类似干洗头的方法，以双手指腹画圈按摩的方式。

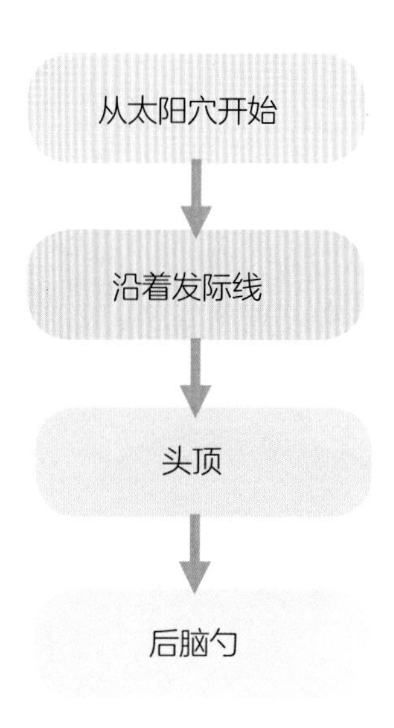

经常按摩头皮，可以使大脑皮质的工作效率得到提高，此外，按摩头皮能刺激头皮的毛细血管，使它们扩张变粗，血液循环旺盛，供给大脑组织更多的养料和氧气。按摩头皮虽然可促进头皮健康，但对于“雄性秃”的患者来说，并没有显著的效果，因此若患有雄性秃导致掉发的朋友，还是尽早接受医生专业的治疗！

养发小常识

5分钟健康从“头”开始！头皮的每日回春按摩术

在信息快速，压力与焦虑双面夹击的每一天，忙碌的你，是否整日辛劳，常感肩颈僵硬、酸痛？这些努力工作的后遗症让你只想要找寻更好的方法舒缓身心的压力，但是头皮的僵硬却常常被忽略，其实每日只要5分钟就能解除头皮因为僵硬而产生的不适。

试着舒缓因僵硬而血液循环不良的头皮

2-2 选一瓶真正适合自己的洗发露，不要把洗发变成洗坏头发！

清洁头发看似很简单，其中却隐藏着一般人不曾留意的学问，如洗发露不是一瓶万用，洗发露的成分也会决定头皮是否真正清洁，还有正确的洗发步骤等。

头皮跟肌肤一样，彻底清洁前先搞懂头皮属性

洗发露关系着头皮与头发的清洁与健康，这理论就跟肌肤与保养品

的关系一样，适不适合个人使用才是洗发露选择的要点，无论上面写着多棒的成分与多元的功能，如果不适合头皮，只会为头皮带来负担，所以了解自己头皮属性才是真正做好、做对清洁的第一步。那么该如何从头皮的信息中判断头皮属性呢？一般会以“头皮出油”的速度来判断头皮属性。

尤其想给头皮屑性头皮与脂溢性头皮的族群一个小提醒，之所以会有这样的症状，多半是因为头皮皮屑芽孢菌异常成长，头皮油脂分泌与代谢失常，导致头皮发炎，因此含有药物成分的洗发露才能一边清洁、一边治疗，但洗发露能治愈的症状有限，建议还是先咨询专业医师意见，再针对头皮发炎问题选择洗发露。

根据头皮属性选择洗发露

头皮 / 头发症状	判断头皮属性	洗发露 / 需避开成分
即使洗发才隔一天，头发就塌陷，经常感觉到油腻感	油性头皮	添加控油及舒缓成分的洗发露或芦荟、荷荷巴油等天然成分，微弱酸性配方洗发露为佳
油脂分泌正常，洗发隔两天仍无明显油腻感，有自然的光泽	中性头皮	标示中性发质洗发露均可

（续表）

头皮 / 头发症状	判断头皮属性	洗发露 / 需避开成分
头皮角质层含水量不足，因过于干燥产生头皮屑，头发毛鳞片含水量不足，造成头发干燥，用手触摸会有粗糙感	干性头皮	含保湿成分较温和的洗发露，尽量用温水洗头
容易有红肿、瘙痒、发热等症状	敏感性头皮	要选择无刺激性成分较温和的洗发露，或 pH 值 4.5 ~ 5.5，因为头皮较敏感，所以洗后尽量立即吹干
头皮皮屑芽孢菌异常成长，代谢失常，从一小块区域，逐渐扩增	头皮屑性头皮	头皮角质含水量不足可选用头皮保湿剂（乳液）
油脂分泌失常，头皮皮屑芽孢菌异常成长，伴随着干痒，好发于皮脂分泌较多的区域，除了头皮，其他皮肤部位亦常发生	脂溢性头皮	可选择含有药用成分的洗发露，如水杨酸（软化角质）、硫化硒 Selenium Sulfide （治菌）、匹赛翁锌 Zinc Pynrithione（抗霉菌）、Azole 抗药性烟曲霉菌、环酮胺 Ciclopirox Olamin（抗表皮真菌）等，症状严重时可经由医师治疗搭配抗菌药膏

你挑对洗发露了吗？不能不知道的洗发露成分小常识

洗发露里有什么成分？瓶子上的一堆英文说明，对一般消费者来说实在太过艰深，但其实这些成分大多是：表面活性剂、防腐剂、柔润剂、香料与染料，以及修护成分等。

常见的洗发露成分一览表

名称	作用
表面活性剂	清洁作用
防腐剂	延长保存期限
柔润剂	让头发顺滑
香料	使气味好闻
染料	改变发色
修护成分	修护、强韧发质

其中洗发露中的柔润剂，作用是破坏表面张力、消除静电，让头发摸起来更顺滑，常见的柔润剂包含硅灵（Dimethicone）、硅灵衍生物（Dimethiconol）以及油蜡等。洗发露究竟该不该含“硅灵”成分？曾在之前沸沸扬扬地讨论过，有说法称硅灵的成分会阻塞毛孔，导致毛囊萎缩，

不过目前被证实是谣言，硅灵是“硅氧化合物”的通称，不溶于油也不溶于水，具有润滑作用，能增加头发柔顺度，对头皮并没有伤害，只能说这个成分不是洗发露的必要添加成分，含不含都没有太大关系，视个人需求而定。

另外，洗发露为了延长保存期限，而添加防腐剂，添加的比例通常不会太高，只要冲洗干净，不会对头皮造成伤害。皮肤较敏感的人，最好避免使用添加染料的洗发露，以免对头皮造成刺激。

至于修护成分，坊间的产品包罗万种，包括：强调可深层修护的氨基酸、让发质强韧的何首乌、可生发的咖啡因……目前除了证明小分子氨基酸有修复作用、维生素 B_5 有保湿作用、天然油脂增加头发光泽之外，其他功效还尚未被证实，也由于洗发露仅在头皮上停留少数几分钟，其实效果都有限。

清洁头皮才是洗发的重点！ 99% 的人都用错了洗头方法

挑选适合自己的洗发露只是洗发的第一步，用正确的方法洗发才是关键。

许久以来人们都误以为洗发就是清洁头发，但事实上，清洁头皮才是清洁的重点。想要拥有健康头发，就从拥有健康的毛囊开始，因此清洗头皮十分重要。

简单 6 步骤，甩掉油感正确清洁小秘诀

STEP 1 洗发前，用梳子梳开头发，也可借此按摩头皮。

STEP 2 将头发冲湿，用温水冲约 1 分钟，充分冲刷留在头皮与头发上的脏污。

STEP 3 将洗发露倒在手中，揉搓起泡后由耳朵旁的头皮开始，用指腹画圈往上清洁，直至头顶后再往下画圈按摩头皮，先清洗头皮，此动作可重复 3 ~ 5 次及以上，视个人习惯及发质状况调整，先清洗头皮，之后再使用泡沫清洗头发。

STEP 4 使用温水（温度约与体温差不多）冲洗最佳，直至头发上的泡沫彻底冲洗干净为止。如果冲洗不干净，洗发露残留将会造成头皮过敏。

STEP 5 步骤 3、步骤 4 再重复一次即可，一般居家洗发两次多半可以做到真正的清洁。

STEP 6 洗发后应用毛巾轻轻拭干水分，再用吹风机距头皮 15 厘米处将头发彻底吹干，吹发时要不时移动热源，以免让头发受损。

养发小常识

关于洗发，你应该知道更多！

关于洗发用水的温度，不要以为用热水洗才能洗干净，过热的水会对头皮产生刺激，反而会失去保护头皮的油脂，使发根变得脆弱，头皮受损伤，头发也会因此变得干燥，有时还会因为干燥而产生头皮屑，所以用温度适当的水洗发也是养发的环节之一。如何判断水温过高？如果感觉到烫感（当热气产生），则应该调到适合的温度才不会造成反效果。水流过大的冲洗方式也会让头皮受损，造成特定部位可能有秃发危机。

另外，若直接将洗发露倒在头上搓洗，容易造成头皮局部的洗发露浓度过高，长久下来，可能会形成异常脱发的后遗症；用指甲抓洗头皮的行为，可能抓伤头皮，甚至还可能因不小心抓破皮，让指缝间的细菌有机可乘，进而造成头皮受伤感染的风险。

最后还是要提醒大家，洗发后仍要细心将头发吹干，更应该避免湿发睡觉，否则容易造成头皮细菌滋生。

每次洗发要洗几次才能达到真正的清洁？隔多久洗最好？

隔多久洗发较好？对于中性及干性头皮来说，一周 2 ~ 3 次为佳；对于油性头皮，则可以每天清洗。另外可以根据个人需求及习惯或是天气状况决定洗头次数。只要遵守不要过度清洁的大原则即可。

那么，一次完整的洗发过程，到底该洗几次呢？一般到发廊洗发，一个完整的洗发过程总是有两次洗发加上一次护发。但其实如果搓揉与冲洗都十分干净彻底，洗一次便可以了。

不过，使用含药性洗发露的话，洗发的方式则略微不同。医师会建议第一次洗发后先将头发冲洗干净，第二次洗发时则不要马上冲洗，让洗发露的泡沫停留 5 ~ 10 分钟，以使药性发挥作用。

洗发最后的护发阶段，也是保养的重点之一，相对于洗发露直接按摩在头皮上，润发乳及护发产品因为油脂成分比较多，比较滋润，不建议直接接触到头皮，否则易造成毛孔堵塞而形成毛囊炎，只要涂抹在头发上，让润发及护发成分修补头发上打开的毛鳞片，让头发比较顺滑即可。

由于洗发和润发产品功用不同，一定要分开使用，千万别选择双效合一的洗发乳，且护发产品要抹在头发而非头皮上，至于护发，一般沙龙级的高浓度护发，一到两周做一次就可以，但如果自己在家使用，润发、护发产品可以配合洗发使用，但切记一定要冲洗干净，天天用也无大碍。

梳具选择大有关系

和头发最息息相关的用品，非“梳子”莫属，梳头可促进头皮气血畅通，让营养充分供给头发生长。

梳子究竟该如何选择？

材质：梳子的梳齿经常使用塑料材质，容易导致头发打结或产生静电，也较容易拉扯损伤头发。建议选择原木材质或牛角材质，可以减低梳子与头发之间的摩擦力，并且不会刮伤头皮。

梳齿密度：视个人发质及发量而定，发质粗硬或发量多者，可选用齿梳密度高的梳子，便于梳整造型；发量少的人则适合齿梳密度低的梳子。

至于梳头方式，建议由前额往后梳理，力度不要太大，也不要硬扯头发，更不要在湿发时梳头，以免伤害头皮毛囊。

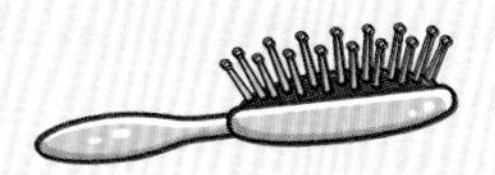

2-3 别为了一时美丽，忽略染烫发剂的潜在危害

频繁地染烫总是会对头发造成损伤，门诊上就曾经有患者因为过度吹染整烫，导致不停掉发。所以，我们要清楚染烫发剂可能会让你付出多少健康的代价。

染、烫、整为何会伤发？

从结构来看，头发由外而内分为：毛鳞片、毛皮质层、毛髓质层。

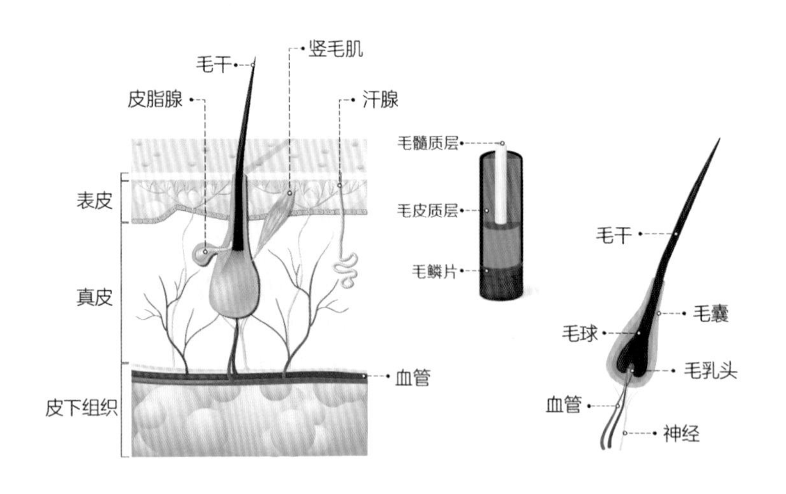

头发构造剖面图

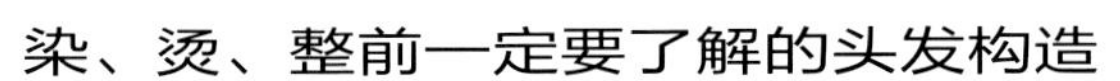

染、烫、整前一定要了解的头发构造

头发结构	组织	作用
毛鳞片	透明、扁平的细胞 7 ~ 9 层的鳞片盖着 发根处向发梢围着毛发的四周如瓦片般顺次重叠 鳞片愈整齐愈密合，头发愈健康	保护毛发内部 抗拒外来刺激
毛皮质层	毛发的第二层，最重要的部分 含有盐键、氢键、二硫化键等角蛋白质 与毛发弹性、张力、卷曲以及物理化学性质有密切关系	链键组织的数量决定粗细发，量多形成粗发质，量少形成细发质 含有毛发的自然色素粒子——麦拉宁（Melanin），决定头发的颜色 烫、染都需染发剂进到毛皮质层才能产生作用
毛髓质层	毛发最中心部分，由角化细胞所构成	连接头皮毛囊维持头发生长的最重要组织 毛髓质层萎缩，养分就会运送困难，造成头发脱落

染剂切勿直接接触头皮，以免损伤毛囊

简单来说，染发就是通过氨水（Ammonia）打开头发表皮层的毛鳞片，再通过双氧水的漂白作用把毛干漂白，接着使染发剂的色素进到毛干的毛皮质层（头发结构的第二层），让头发上的黑色素变成你想要的其他颜色。

染发时，需选择有许可证的染发用品，染发前一定要记得使用隔离头皮的产品，千万不可让化学物质直接接触头皮。此外，染发剂中的化学成分多半靠泌尿系统排出，因此染后要多喝白开水，帮助排毒。

烫发，是利用强碱性的烫发剂破坏头发的毛鳞片组织结构

烫发会先用氧化剂破坏头发中的角蛋白连接把头发软化，之后给头发上发卷，再来通过强碱性的烫发剂破坏头发的毛鳞片组织结构，也就是破坏角蛋白之间的连接改变头发的形态，使头发变直或卷曲。再用还原剂定型形成新的角蛋白连接形式，这时头发卷度就出现了。烫发的时候，都要强行打开和闭合头发的毛鳞片，极易造成毛鳞片的损伤，也很容易引起过敏反应和头皮损伤。

这种“破坏后再建设”的方式，一定会对头发造成损伤，有些美发沙龙会强调：好的染烫药水不会让头发损伤，但事实上，任何的烫发、染发产品都会伤发，只是好的烫染产品损伤程度较小而已。

经常烫发、染发者的头发容易出现毛糙干枯的现象，还可能引发头皮和毛囊的炎症，造成毛囊萎缩、头发脱落等现象，烫染发次数越多，损伤也越严重。

7 大有害成分，购买染发剂前一定要知道

成分	影响
PPD 苯二胺 (Para Phenylene Diamine)	深色调染料，具致癌性，应避免跟皮肤接触
过氧化氢 (Hydrogene Peroxide)	添加于染发前的显色剂，用以破坏原来的发色素
乙内酰脲 (DMDM Hydantoin)	具防腐作用，却有释放甲醛的风险
醋酸铅 (Lead Acetate)	深色染发剂的色彩添加剂，含有重金属，易发生铅中毒
间苯二酚 (Resorcinol)	为了能快速达到染色效果，其毒性会刺激头皮
氨 (Ammonia)	打开角质层，使染料能进入内层，易产生腐蚀性灼伤
对羟基苯甲酸酯 (Parabens)	用于头发护理，易引起严重皮肤过敏

不含 PPD 成分的染发剂就真的安全吗?

除了爱美的需求，许多人染发是为了遮盖白发，也因此每隔一段时间便需要接触染发剂，无可避免伴随而来的风险，于是诊室常有求美者询问，不含 PPD 的染发剂就真的安全吗？或者该选择标榜天然的植物染吗？

其实为了遮盖白发的深色染发剂 PPD 含量较高，例如黑色、褐色等，相对的浅色染色剂的 PPD 含量自然较少，所以如果无法避免染发的需求时，建议挑选浅色降低风险，而植物染也不是绝对没有 PPD 成分，还是需要看懂染发剂的外包装，如果感到商品的标示不清时，可至国家药品监督管理局网站（http://www.nmpa.gov.cn）检视是否含有 PPD 成分。

染发步骤图

染烫同时做，头发及头皮损伤大

许多人想上美发沙龙一次，就能同时解决染和烫，但是烫发和染发同时做，不管是植物成分还是化学成分的药剂，都会对头皮及头发造成极大的伤害，两种损伤加在一起，会让头皮和头发加速老化。经常同时染烫，有可能导致头皮变干、头发粗糙干涩、头皮变红敏感。因此烫、染至少要相隔两周以上，如果可以忍受暂时的不美观，隔两三个月，给头发和头皮足够的休息时间更为理想。

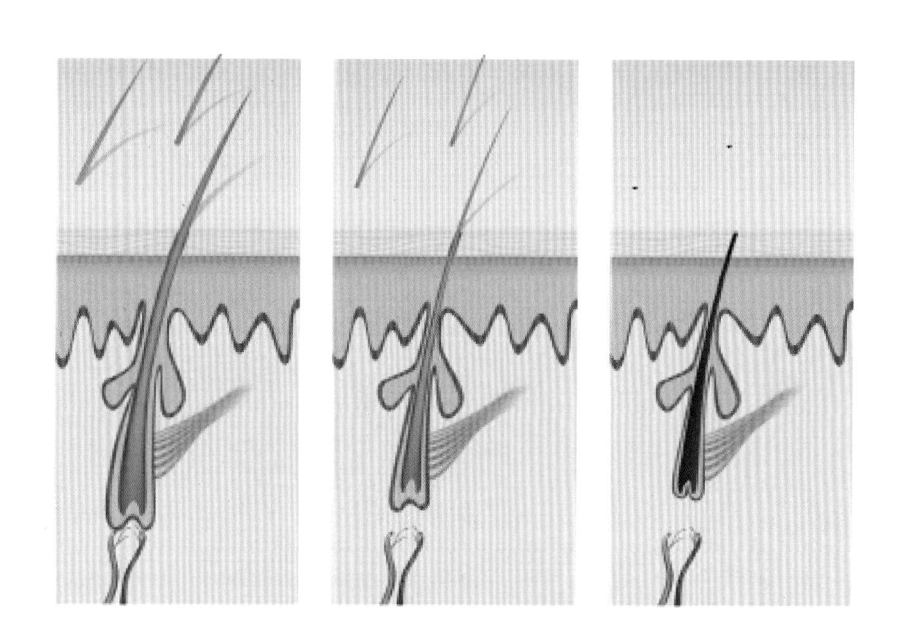

经常烫发，易造成毛囊萎缩

养发小常识

护发产品真的有效吗?

护发产品的功效是肯定的，从理论上来说，受损的头发已角质化，角质化的头发属于没有生命的非活性细胞，再经由日常吹整及外来的各种伤害，头发中的蛋白质与各种成分会逐渐流失，继而让毛鳞片剥落，产生多孔性发质。护发产品就是用来补充头发流失的养分，以分子量细小的蛋白质与保湿因子渗入发干，让头发恢复原有的柔顺与光泽。

不过大家也别对护发产品有太高的期待，因为使用护发产品其实并不会让发质变好，护发产品只是“暂时修复”，将掀起的毛鳞片抹平，没多久就失去作用，因此每周在家护发一次，才能够让经过烫染的头发保持光泽顺滑感。

在染烫同时造型之后，除了要持续做好护发的工作之外，还要防止紫外线伤害。夏季紫外线强烈，要格外保护已经受损的发丝和头皮，染烫前做好头皮隔离，染烫后做好头皮护理，才能同时兼顾美丽和头皮健康。

头发护理
富有光泽
光滑
柔顺

2-4 这样吃，养护头皮最健康

掉发的最大原因，排除雄性秃基因，都来自生活习惯日渐积累所导致的：压力过大、睡眠不足和饮食不正常。

现代人因为生活形态转变，忙碌的工作导致外食族增加，常在不知不觉中食用高糖、高油等易造成肥胖的食物，这些容易造成肥胖的食物，也会造成新陈代谢的缓慢，造成掉发。因此，若想改善掉发问题，就必须调整饮食。

吃对 4 大类关键食物，养护头皮事半功倍

头发本身是由大量的蛋白质组成的，而许多营养素也跟头发生长周期的调控有关。因此，热量、蛋白质和微量元素的不足的确有可能会影响毛发生长。究竟哪些营养素、哪种食物是头皮及头发养护所需要的呢？

补充维生素
营养与饮食
K
A
B1
B2
B3
B5
B6
B7
B9
B12
C
D
E
SOY MILK
FORTIFIED Cereals
TOFU

含硫氨基酸的食物

头发的主要成分是含硫氨基酸，其在动植物性蛋白质中含量很多。在日常的饮食中，一定要均衡摄取动植物蛋白质。

含硫氨基酸丰富的食物很多，包括鸡蛋、牛奶、豆类、鱼类、蒜、洋葱、圆白菜、大头菜、莴苣等。

维生素A与β-胡萝卜素

维生素关系着头发的成长，缺乏维生素A的话，头发容易干枯掉落，β-胡萝卜素则是维生素A的前驱物，能够在体内转化成维生素A。

富含维生素A的食物主要有动物的肝脏、鱼类、海产类、奶油和鸡蛋等动物性食物，而含β-胡萝卜素的食物，则以黄红色的蔬果为主，如红薯、南瓜、胡萝卜等。

B 族维生素、维生素 C、维生素 E

B 族维生素对头发有极大的功效，其中维生素 B_5 能改善掉发、减少白发；维生素 B_6 可预防掉发并增进锌的吸收；维生素 B_2 与维生素 B_6 和叶酸一起作用的时候，可以促进血红素形成，以供应足够的氧气给毛囊。肉类、豆类、蛋类、坚果、糙米等，都是含有 B 族维生素的食物。想要预防脱发的人，可以多多摄取。

维生素 C 可以帮助胶原蛋白的合成，让毛囊更健康；可促进血液循环，避免掉发；还可促进铁的吸收。新鲜蔬果中都含有维生素 C。

维生素 E 能够促进血液循环，防止掉发。维生素 E 含量较多的食物有糙米、胚芽米、芝麻、坚果类、小麦胚芽油。

B 族维生素对于养护头发效用一览表

名称	效用
维生素 B_2	与维生素 B_6、叶酸一起作用，可促进血红素供应氧气给毛囊
维生素 B_5	改善掉发、减少白发
维生素 B_6	预防掉发，增进锌吸收
维生素 C	帮助胶原蛋白合成，使毛囊更健康
维生素 E	促进血液循环，防止掉发

微量元素——铜、锌、铁

微量元素铜、锌、铁，能维持头发健康，足量的铜可以让头发维持发色；足量的锌则有助于毛囊细胞的制造；铁则可以帮忙运送氧气到头发。女性朋友容易缺铁，因此十分需要补充。含铜丰富的食物有贝类食物、坚果类食物、肝及肾脏；含锌丰富的食物有牡蛎、深色蔬菜、牛肉、猪肝、海带等；含铁丰富的食物有蛋黄、红肉、鲑鱼、鲔鱼、葡萄干、全麦食物等。

微量元素名称	效用	食物
铜	让头发维持发色	贝类、坚果类、肝肾脏
锌	有助于毛囊细胞制造	牡蛎、深色蔬菜、牛肉、猪肝、海带等
铁	帮忙运送氧气	蛋黄、红肉、鲑鱼、鲔鱼、葡萄干、全麦食物等

易引发掉发的食物

除了上述营养素要多注意摄取之外，也要避免易引发掉发的食物，例如油炸类食物及甜食。

油炸类食物含脂肪，在代谢过程中会产生酸性物质，影响血液酸碱值；酸性食物会影响头发生长。因为糖类被身体吸收分解时，会促使皮脂腺分泌，皮下脂肪堆积的话，也容易导致毛囊堵塞及脱发问题，所以甜食也不宜多吃。

另外，要尽量避免食用辛辣食物，如葱、蒜、辣椒、胡椒、芥末、咖喱等。因为这些食物摄取过量易造成皮肤油脂分泌增加，毛囊受到过多的慢性炎性刺激会产生萎缩的现象，甚至造成头发干枯脱落，尤其患有脂溢性皮肤炎掉发的人，还会伴随严重的头皮瘙痒。

养发小常识

自我头皮健康检测方式

究竟怎样的头皮才是健康的头皮？由于自己无法用肉眼观察到，因此若要知道自己的头皮是否健康，建议可以用以下几个简单的问题自我诊断。

□观察每日掉发量，是否超过 100 根？

□是否出现过量的皮屑？

□头皮出油的状况是否异常？刚洗完头就感觉出油了？

□是否出现不正常的丘疹或过敏红肿？

□发量是否平均分布，有没有某一块特别稀疏？

□用梳子梳开头发，观察头皮的颜色是否为粉红色？

□洗头时，头皮是否有刺痛感？

□头皮是否无缘无故发痒，时常有瘙痒感？

□是否常常觉得头皮紧绷及干燥？

□自认为是敏感性头皮？

如果以上问题勾选超过一半以上，则表明您的头皮属于高度敏感型，必须要请医师找出问题，对症下药，需尽快改善生活习惯，并排除掉发肇因，让毛囊恢复健康。

2-5 日常头皮保养问题 Q&A

Q1 头发可以每天洗吗？每天洗会不会容易掉发？

A

洗头和掉发没有绝对的关联，头皮油了，脏了，或是沾染了味道等，天天洗发也无妨，尤其对油性发质的人来说，天天洗发是必须的，重点在于要选择适合自己的洗发露。

之所以会有许多人担心常洗头会变秃头，是因为雄性秃常见于脂溢性体质，而脂溢性体质患者的头皮也多偏油性，天天洗发才能维持清爽，才有此以讹传讹的说法。至于洗发时总会有掉发，是因为头发有生命周期，都在正常的范围内。

Q2 头皮油的人，较容易掉发吗?

A 　　不是的，头皮油和掉发其实是没有关系的。头皮油腻者只要好好清洁，就不会因毛孔阻塞而掉发，避免脏污、油脂深入毛囊，导致细菌滋生，造成毛囊发炎；反复、严重的头皮毛囊发炎，容易增加掉发机会。秃发虽为油性头皮居多，但导致掉发的原因是遗传和荷尔蒙，而不是头皮出油。具有雄性秃遗传的人，就算头皮没有出油，一样会掉头发。

Q3 常戴安全帽会引起掉发吗?

A 　　不注意头皮清洁，且经常戴帽子，就会增加掉发的概率。尤其本身属于容易出汗的体质、油脂分泌旺盛、头皮屑多，且常需戴安全帽、休闲帽等，却没有切实做好头皮清洁的工作，导致毛孔阻塞而影响头发生长，增加掉发的概率。

Q4 洗发露含的表面活性剂会刺激毛囊吗?

A

目前并没有准确的资料能印证这个说法，况且洗发露停留在头皮、头发上的时间十分短暂，影响并不大。尤其头发的毛囊并不在头皮表面，若说洗发露含有的表面活性剂或营养成分会直接影响毛囊，导致掉发或者促进生发，其实并不太容易。这也是一些含药性的洗发露，要在头皮上停留 5 ~ 10 分钟的原因，因为短时间接触头皮及头发，不会有太大影响。

Q5 年龄会影响掉发吗?年龄愈大就愈容易掉发吗?

A

随着年龄的增长，毛囊也在逐渐老化，头发也会开始掉落稀疏，但是年龄愈大并不代表头发就会掉得愈多，老人只是发量变少，掉发量可能反而没有年轻人多。

Q6 洗发露要常常更换吗?

A

与其说要常常更换洗发露，不如说洗发露的选择需随着头皮、头发、季节等状况做更换。除此之外，洗发露不应该与家人共享，每个人的头皮与头发状况不同，每个人应使用适合自己头发状况的洗发露。

Q7 头皮需要定期去角质吗?

A

其实并不需要。常听到发廊设计师鼓吹客人做头皮去角质，原因是角质层会阻塞头皮毛孔。但其实人体会自动代谢角质层，无须刻意去角质。不过，若是有脂溢性皮肤炎合并头皮屑问题，应该先用抗屑洗发露，若是一般头皮屑问题，则是头皮角质层含水量太少，需要加强保湿而不是去角质，否则会愈去角质愈糟糕。

Q8 每天梳头一百下，可以让头发更健康？

A

常听到有人说：每天梳头一百下可以促进毛囊血液循环，促进头发生长；毛囊会分泌天然油脂，认真梳头可将这些天然油脂散布到头发上，头发就会更健康……但这些说法并不正确。

适当的头皮按摩可让头皮更健康，梳理头发也可以帮助清理附在头发上的脏物，并能刺激头皮，让头皮的血液循环顺畅，让头发健康生长，但太过频繁地梳头会让头发持续受到摩擦，头发角质层就容易受到损害，头发也很容易断裂，长时间下来，头发就会失去光泽，变得更毛糙。建议只在一早起床出门前，或是处理头发纠结时梳头，真的不用刻意梳到一百下。

此外，一定要选择正确的梳发工具，在梳子选择上可以选择宽齿梳子或带有圆形珠的按摩梳，尽量避免用鬃毛梳及梳齿太过尖细的梳子梳头。因为天然鬃毛形状不一，和尖细的梳子一样很容易伤害头发和毛囊。

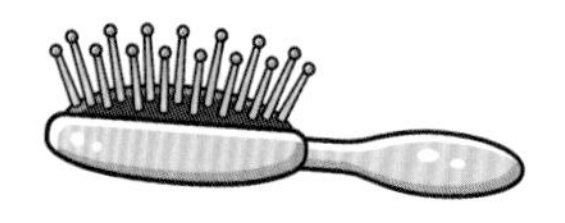

Chapter 3

抢救发秃大作战，跟着权威医师做最正确

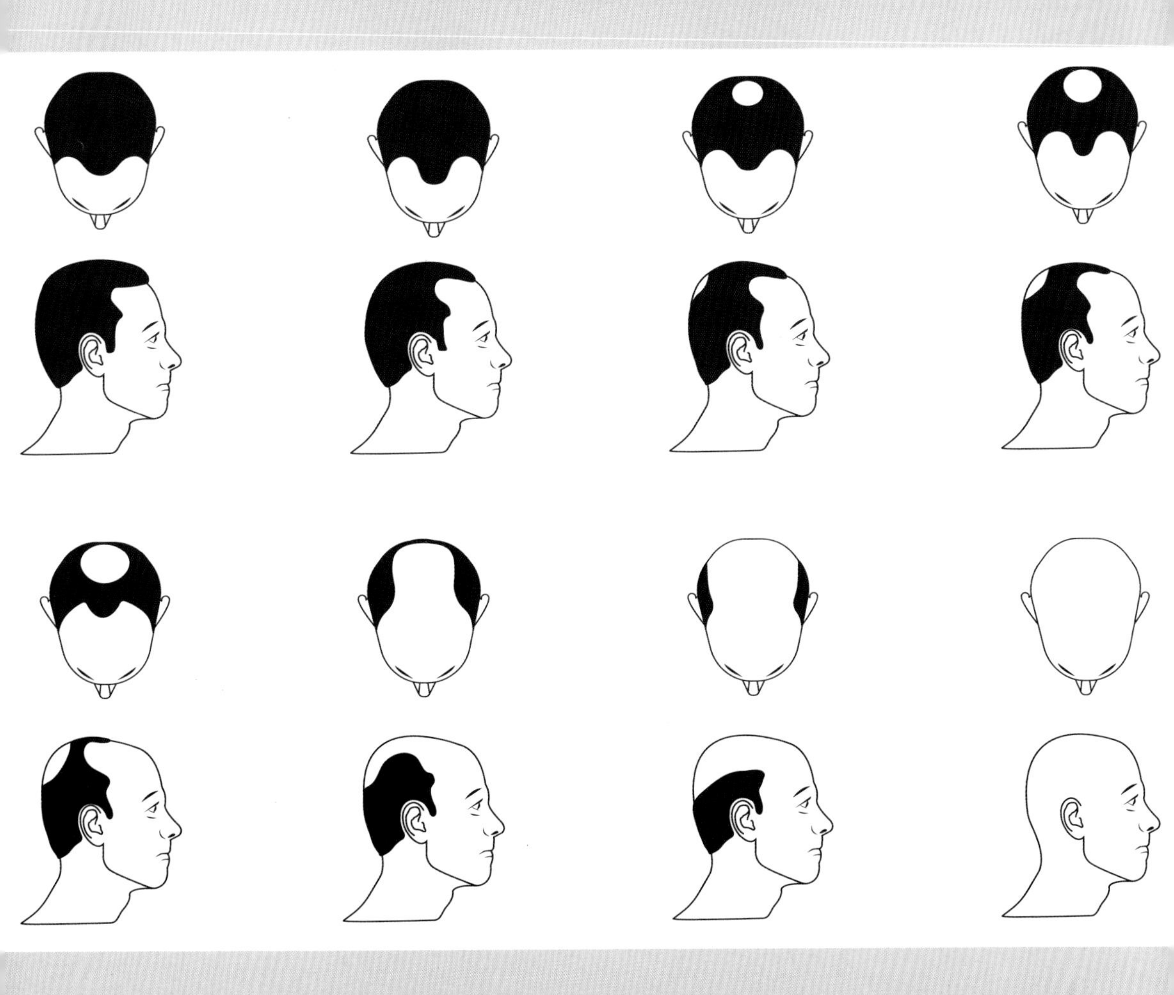

3-1 我真的秃头了吗?

梳头时，发梳上总会留下大把头发，排水孔上的一堆头发总让你不忍直视？种种掉发情形总让人紧张不已，究竟，这样持续掉发会不会变秃头？多少的掉发数量才算正常？

掉发不等于秃头，先找出原因最重要

中年男女一旦碰上掉发问题总是惶惶不安，男性朋友更是如此。不过大家先别太过紧张，掉发和秃头之间并没有绝对关系！

我们在第一章就提过有关于毛囊的常识。烫发，是利用强碱性的烫发剂破坏头发的毛鳞片组织结构，一般而言每个毛囊都有一定的生长周期，处于生长期的头发会渐渐成长，而后进入退化期，最后就是休止期。因此，一般洗头时掉落的头发通常都是休止期的掉发，以一般人头顶大约 10 万个毛囊来计算，每天掉 100 根上下的头发都在合理范围内，不必太担心。

健康的毛囊进入休止期只要休息3个月，旧的头发脱落后，毛囊就会恢复生命力，再度进入生长期，且一长就会长3～7年后才会再次休息。

4个简易测试法，判断掉发量是否正常

不过，若要根据掉发的数量来判断自己是正常掉发，还是异常掉发，其实也并非那么简单，毕竟要收集一天所掉落的头发还是很有难度的。因此，我们有几项建议，帮助大家自行判断掉发量是否正常。

洗头测试法

这是一个简单易行的测试掉发数量的方式。有研究显示，人一天掉头发的数量，80%来自洗发，此时可以准备一个脸盆进行洗发，目的是收集洗发时掉落的头发，方便计算脸盆中掉落的发量。有的人为了追求精准数值可以连续几日进行试验。但切记，为了让测试发量的数值较符合参考值，应尽量在测试日的同一时间，如前一日晚上7点，则隔日也于晚上7点测试。

脸盆中的掉发数量 ÷ 80% ＝每天约略的掉发数量

枕头公式计算法

睡觉前，在枕头上铺一条大的浅色毛巾，睡醒后检查毛巾上的头发数量，再用公式来计算。

公式：掉发量 ×[24（小时）÷ 睡眠小时（小时）]

用公式来计算，较有科学根据。

例如：睡 8 小时，毛巾上有 16 根掉发，16×(24÷8)=48 根，<100 根(在正常掉发数量范围内)。

随手测试法

这是医生们在临床上最常使用的方法，即用手抓起头皮 1 平方厘米范围内的头发（约 100 根）往下拉，若掉下来的头发超过 6 根，就代表掉发异常。

事实上，只要是异常掉发的人，通常只要用手轻轻地抓，头发就会掉下来，因此若要用力抓才会掉落的头发，基本上都不需太过担心。

9个征兆，提醒异常掉发

确定了自己的掉发量之后，就可以知道是否为异常掉发，若出现异常掉发的情形，就要尽快就医，请医生给出解决问题的建议。不过若懒得计算掉发量，其实也有9个征兆可以注意。

头皮异常出油

当头皮容易出油时要注意了！虽说头皮会自然分泌汗水和油脂来滋润头发，但如果头皮时常看起来都处在油腻腻的状态，就要小心可能是毛发量减少，或是压力过大所导致。

头皮时常发痒、头皮屑多

若是常有头皮痒、头皮屑的情形，即使刚洗过头也一样，这时也得要小心，因为若是头皮发炎等病变引发的头皮痒，则会引发掉发、秃头等状况。

时常觉得头皮紧绷，头发也常处在蓬乱毛糙的状态

这样的情形，可能是皮脂分泌不足或过度清洁所导致，如果每次洗头都会掉很多头发，梳头时头发也会夹在梳子上，就要小心。

头发由粗变细

头发如果突然从粗硬变软变细，要留心可能是早期雄性秃。另外，没弹性的头发很容易一扯就断裂，自我检测方法可以将一撮头发卷在手指上，若放开后头发能很快恢复原状，就表示头发还很健康。

头皮发炎红肿

如果发现自己有头皮发炎、红肿、痒等状况，很有可能是被细菌感染或头皮生病，严重的话有可能并发其他头皮症状，需要小心提防。

头皮变厚，按压有下陷感

这种现象在医学上称为“脂肪层水肿”，是局部淋巴循环不良造成的，长期下来会引起严重掉发。

发际线越来越高

从两耳向头顶画弧线，如果两鬓凹陷的发际线越靠近弧线，即表示掉发越严重；如果发际线离中央弧线 2 ~ 3 厘米，算是还能接受的范围。

女性扎马尾越扎越小束、男性头发空隙越来越大的时候

若是出现这样的状况，就是头发已经开始远离你了！这时得赶快寻求专业医生的帮助，看看可以采取何种补救措施。

头皮太硬

太硬的头皮可能是里面的黏多糖不足，黏多糖就像玻尿酸，可以促进血管柔软、帮助生发。怎样判别头皮有没有变硬？可以张开 10 根手指贴在头皮上，以画圈的方式转动手指，若头皮跟着一起动，代表头皮健康且柔软，反之手指仿佛直接碰到头盖骨的话，说明头皮已变硬不太健康，有可能会引起掉发、秃头等症状。

基本上，对于掉发不用太过担心，很多时候只是头发生长周期的正常现象，但若是出现以上所提到的各种征兆也不能忽视，及早发现及早治疗，这句话放诸四海皆准，用在秃头的预防上，一样是可行的！

造成头发脱落的原因

不当的护理方式

病毒、细菌感染

缺乏维生素

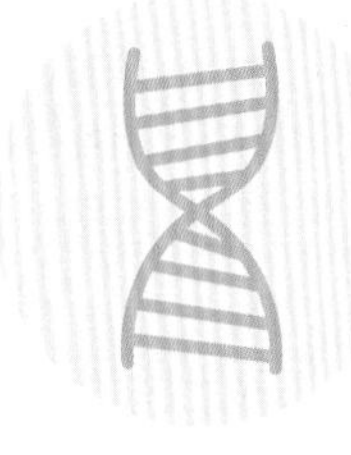

遗传基因

部分药物影响

压力与情绪

内分泌失调

节食

3-2　先找出发秃的原因，才能对症下药

“医生，我不知道为什么一直掉发，头都快秃了！”“医生，请问我这种秃头的状况还有得救吗？”门诊中常见许多愁眉苦脸的患者，正为掉发所苦，想尽办法抢救自己的“顶上风光”。

不过秃发究竟有没有救？必须得先知道自己的秃发属于哪种类型，才能对症下药，才能在短时间内得到最有效的治疗。

导致掉发的原因很多，患者就诊时，医师会通过问诊判断，再看是否需要做血生化、头皮切片等检查。秃发大致可分为两类：疤痕性秃发与非疤痕性秃发。临床上最常见的秃发为非疤痕性秃发，其中又以大家最熟知的雄性秃最为多见。

疤痕性秃发，让毛囊损坏消失成为永久性秃发

所谓的疤痕性秃发，可能是因为细菌或霉菌感染及各种原因，导致

头皮的毛囊受到毁坏，导致愈合后有疤痕的形成，让头发无法再生的情况。

疤痕性秃发的患处已经形成疤痕，让毛囊损坏而消失，表面看不到毛囊口、光亮平滑或稍凹陷，有的可见毛细血管扩张或色素沉着。

引起毛囊毁坏的原因非常多，归纳起来可分为下面几类：

先天性发育缺陷

包括先天性皮肤发育不全、先天性斑状软骨营养不良、色素失禁症、表皮病、汗管角化症、萎缩性毛发角化症、遗传性鱼鳞病、毛囊角化病等，这些先天性的疾病，都有造成秃发的可能。

病毒或细菌感染

真菌感染，如黄癣、脓癣、黑癣等；细菌感染，如毛囊炎、秃发性毛囊炎、三期梅毒、麻风；病毒感染，如带状疱疹、天花、水痘……这些细菌或病毒，会导致毛囊毁损，形成秃发。

皮肤病

发生于头皮部位的扁平苔藓、盘状红斑狼疮、硬皮病、良性黏膜类天疱疮、类脂质渐进性坏死等，均会导致永久性秃发。

外力造成的严重外伤

可能是机械性损伤、电击伤、强酸强碱导致的灼伤。

非疤痕性秃发，“挽救时机”是关键

非疤痕性所造成的秃发的原因虽令爱美者备受困扰，但毛囊仍具有活性，只要能够对症下药，便能挽救毛囊，使其重新进入生长周期，再生新发。

掉发也可以分成下面 4 大类型：

类型	成因
遗传性掉发	即“雄性秃”，男女身上都可能会发生。“遗传”加上“男性荷尔蒙”两者缺一不可。 男性雄性秃从发际线开始后退，然后前额及颅顶毛发逐渐变稀疏直到掉落，最后仅剩下后枕部、颞部边缘的头发。 女性雄性秃多半从顶部及发旋部位，延伸至头部后方
病理性掉发	因疾病引发的掉发称之为病理性掉发。多半因为自体免疫疾病，如圆形秃、红斑狼疮、梅毒、甲状腺功能亢进或减退、缺铁性贫血等疾病，均有可能导致病理性掉发。要改善掉发需先治疗疾病
休止期掉发	人体毛发提早进入休止期而出现短时间内大量脱落的情形称之为休止期掉发，如身体或精神遭受到严重刺激后产生，分娩、高热、慢性疾病、营养不良（饮食不均衡、短时间内急速减重等）、大手术、严重精神压力、甲状腺功能减退、药物影响等。可调整饮食与作息状况慢慢治疗，便有机会摆脱掉发危机

（续表）

类型	成因
拉扯性掉发	多半好发于女性于造型及烫发时，绑头发或使用直发、烫发夹夹头发时过度拉扯造成头皮损伤，严重时会造成头皮毛囊发炎，便会造成掉发，若情况严重没有及时治疗则有可能造成永久掉发

3-3 别让“圆形秃”找上你

圆形秃，俗称鬼剃头，在头皮上出现一块如硬币般大小的掉发，是在秃发中仅次于雄性秃的常见且恼人的疾病。

圆形秃，身体免疫系统异常的信号

事实上，圆形秃是一种后天性皮肤病，会发生在长有毛发的皮肤上。出现圆形或椭圆形的掉发，其最常见的发生部位是头皮，由于掉发的地方看起来一片光滑，加上事先完全没任何征兆，不少人都是突然惊觉，自己已经秃了一块。

和雄性秃不同，圆形秃来得又快又急，瞬间就秃了一块，让人有种猝不及防的感觉。圆形秃是免疫系统异常所引起的。人体的自身免疫系统攻击毛囊，扰乱正常的头发形成，因而引起圆形秃。至于免疫系统为什么会攻击毛囊？目前尚未有定论。

典型的圆形秃是边界分明且表面光滑的一块块圆形或椭圆形全秃，秃发处的皮肤略带桃色或红色。秃发处常常出现“惊叹号状毛发”，即近端呈锥形且远端较宽的短发。

圆形秃发病时，秃发处会渐渐扩大，轻微的圆形秃会在头顶上形成一块块硬币般大小的掉发；严重的圆形秃则会发生全身性毛发掉落，不但整头头发掉落，而且连身上的眉毛、胡须等，也会一起和你说“拜拜”。

圆形秃的严重程度因人而异，虽说大多数人只会出现局部掉发，但令人担心的是，许多圆形秃患者痊愈后，隔一段时间仍有复发的可能。

秃发的阶段

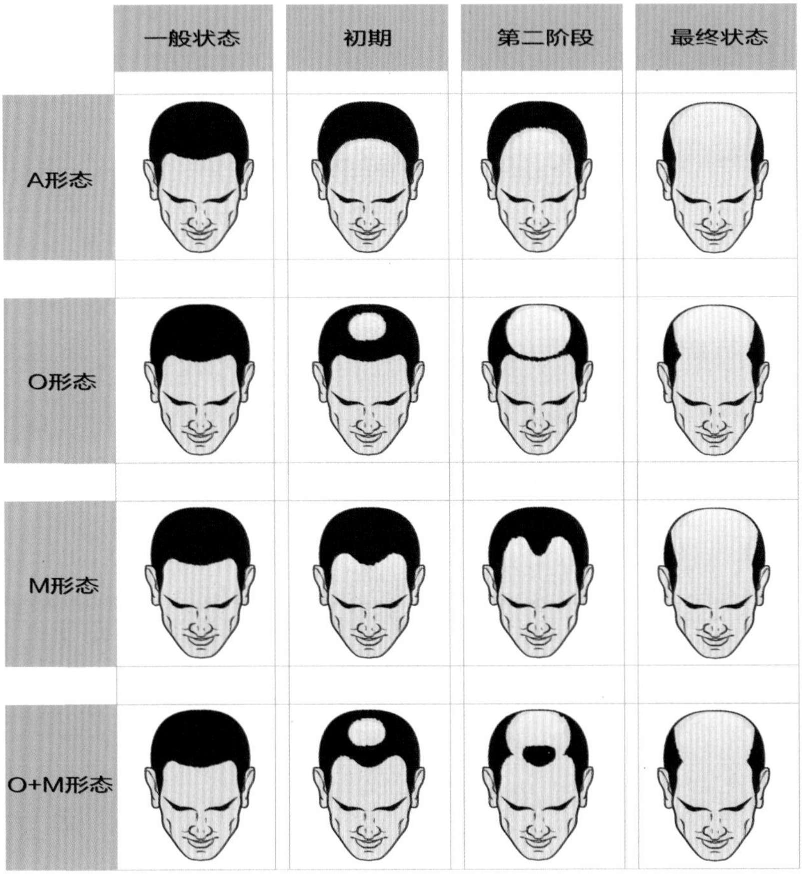

	一般状态	初期	第二阶段	最终状态
A形态				
O形态				
M形态				
O+M形态				

哪些人要特别小心“圆形秃”？

什么样的人较容易发生圆形秃呢？圆形秃虽然常见于健康人身上，但在异位性疾病、甲状腺疾病、白斑症的患者身上也很常见。一般而言，圆形秃好发于年轻人，男女比例差不多，与情绪、压力等有某种程度的相关性。患者一般是在没有任何不适的情形下发现局部掉发，且头皮本身完全没有发炎或脱皮的情形。

一般而言，大多数的“局限性圆形秃”都会自行缓解，且毛发经过数月后会长回原样，但如果多次反复发作、范围很大或进展成全头秃或全身秃时则较不易完全恢复。

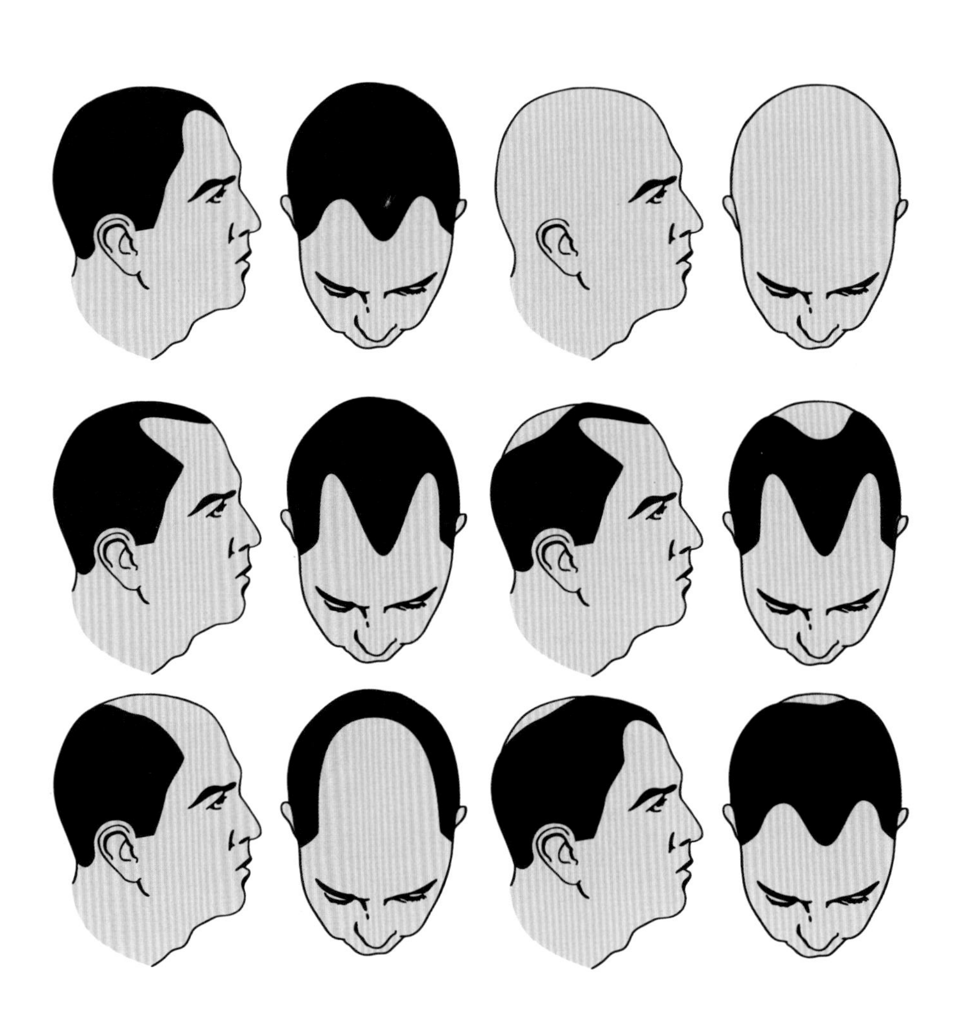

“圆形秃”真的可以自行痊愈吗?

虽然圆形秃不用治疗也会自行痊愈，但若是已经影响到日常生活及心理状况，还是应尽早治疗。这样也可控制掉发速度，让头发再度长回来。

一般而言，医生依照圆形秃的面积大小、掉发进行的速度、圆秃持续的时间来决定治疗的方式，因此患者有多种不同的治疗选择。

关于圆形秃的治疗方式，如果只有少数几块圆形秃发区，掉发进行得缓慢且秃发范围小，可以给予外用或者局部皮肤内注射皮质固醇，也就是常见的圆形秃打针治疗。但如果是面积很大或者进展很快的圆形秃，会依据患者状况给予针剂或口服的固醇药物治疗，赶快把攻击毛囊的免疫系统压下来，让毛囊不再受攻击。此外，还可采用涂抹 Minoxidil 生发水的方式，改善头皮的血液循环和营养供应，直接刺激毛囊，促进毛发的生长。

其实圆形秃患者就算不接受治疗，半年到一年后头发还有机会长回来，不过还是有少数例外，因此建议还是及时治疗。基本上，圆形秃通常都是压力引起，患者平常应多注意适时地纾解压力，心情尽量放轻松，才有助于减轻病情，彻底摆脱圆形秃的摧残。

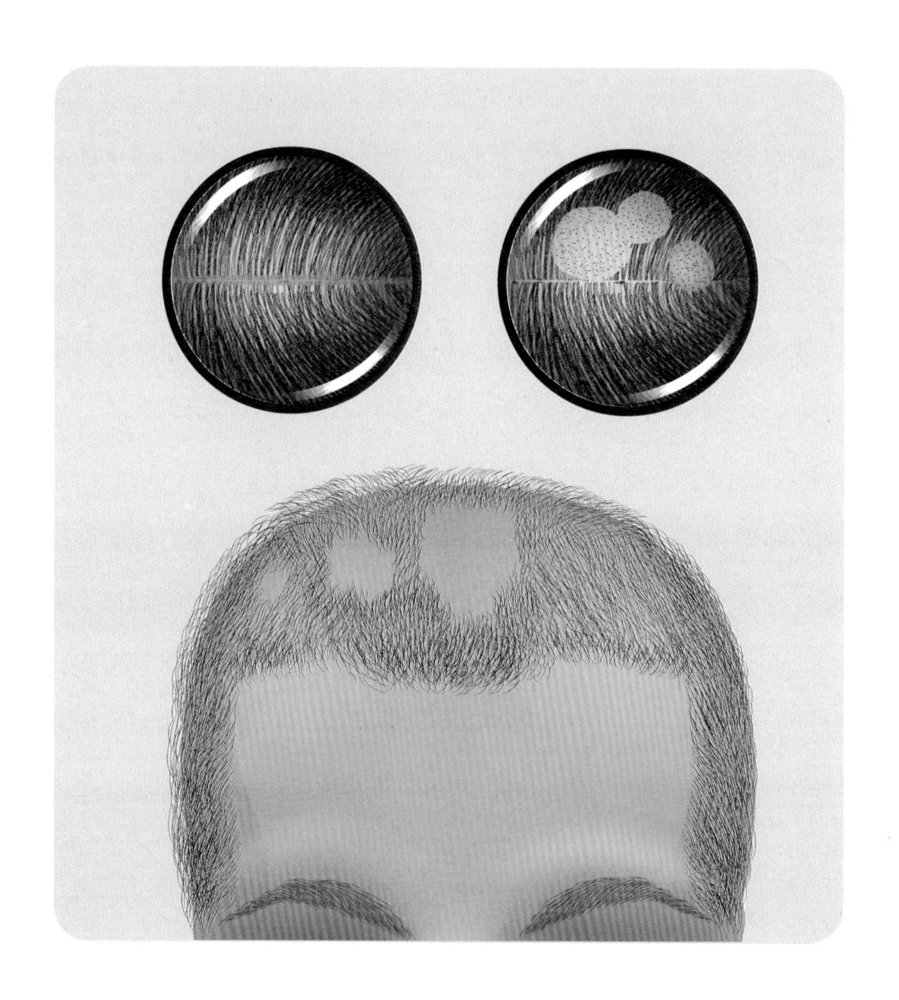

恼人的圆形秃

养发小常识

圆形秃可以通过补充维生素 D 得到改善？

根据美国皮肤病学会期刊一项发表信息显示，患有圆形秃的患者比一般人更易缺乏维生素 D，因此建议可多摄取富含维生素 D 的食物，如黑木耳、新鲜香菇、鸡蛋、牛奶、肝脏等。还可以通过每天晒太阳 10 ~ 15 分钟来补充维生素 D。而曾患有圆形秃的患者痊愈后也可以补充维生素 D，避免“圆形秃”再次发生。

强健发根的食材

Beans（豆类）

Fish（鱼肉）

Walnuts（胡桃）

Carrot（胡萝卜）

Grain（谷物）

Milk（牛奶）

Banana（香蕉）

Eggs（鸡蛋）

Spinach（菠菜）

Cottage Cheese（白软干酪）

Broccoli（西蓝花）

Oysters（牡蛎）

3-4 不是不秃，只是时候未到？！

“有其父必有其子”这句话用在雄性秃上面非常地恰当，尽管有些令人伤心！这是因为，造成雄性秃的主因正是遗传基因加上男性荷尔蒙，两者缺一不可。雄性秃的英文为 Androgenetic Alopecia，直接翻译为中文是“雄性基因秃”，也代表着雄性秃和遗传基因及男性荷尔蒙之间密不可分的关系。

雄性秃没有发生的时间表

一般而言，雄性秃多是在 30 岁左右开始产生，但其实在青春期后的任何年龄均可发病，最早甚至可以在 10 多岁就出现，令人捉摸不定，即使是一脉相传的父子，雄性秃出现的时间也可能完全不相同。

“头发会从哪个部位开始掉？”“哪边可能会掉得多？”“几岁要开始注意掉发？”有雄性秃遗传基因的人通常对这些问题都紧张兮兮。不过很抱歉，这些问题都没有标准答案，雄性秃有分期，但每个人什么时候开始秃？以及每一级秃中间间隔多久？完全无法预测。

这也是雄性秃恼人之处。因此，我们除了从几个症状来判断是否为雄性秃，也要彻底了解雄性秃发生的原因，才能在雄性秃一开始发生时，把握治疗的黄金时期。

雄性秃的症状

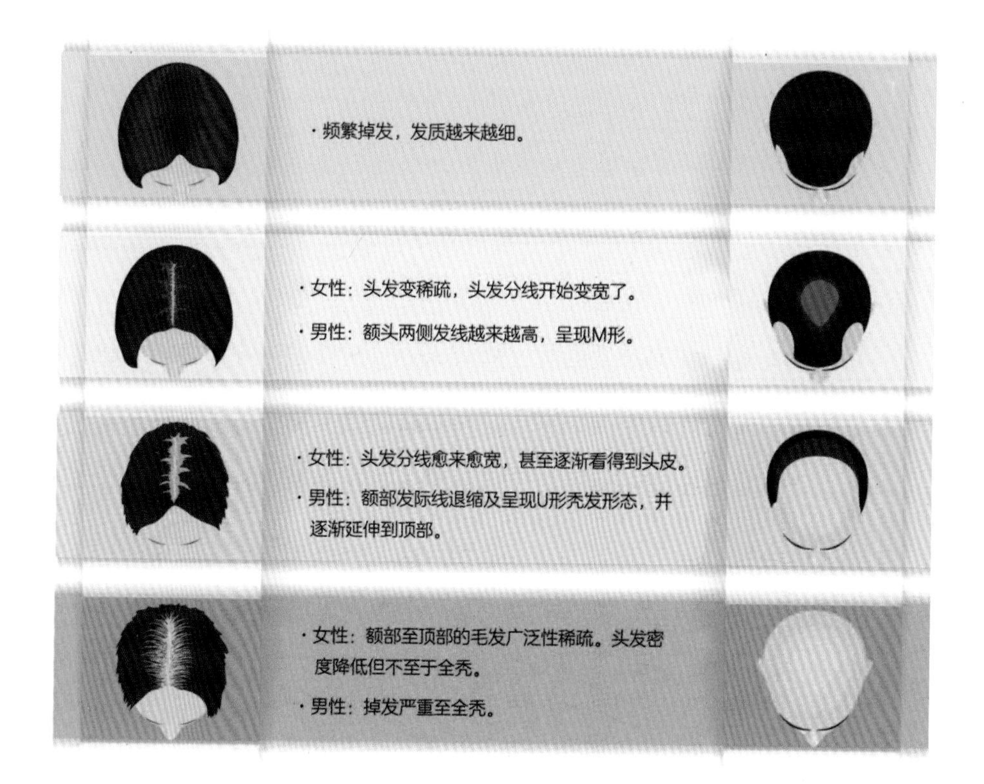
· 频繁掉发，发质越来越细。
· 女性：头发变稀疏，头发分线开始变宽了。
· 男性：额头两侧发线越来越高，呈现M形。
· 女性：头发分线愈来愈宽，甚至逐渐看得到头皮。
· 男性：额部发际线退缩及呈现U形秃发形态，并逐渐延伸到顶部。
· 女性：额部至顶部的毛发广泛性稀疏。头发密度降低但不至于全秃。
· 男性：掉发严重至全秃。

渐进性攻击，令人防不胜防的雄性秃

由上面的雄性秃的症状图可看出来，雄性秃是一种“渐进式”的秃发，总是在你不注意时就开始慢慢攻占头顶，一点一点地攻城略地，头发逐渐越来越细，毛囊越来越萎缩，头顶也就慢慢地越来越光。

雄性秃究竟是如何产生的呢？情绪压力、饮食失调等都曾被讨论，但只有遗传、荷尔蒙两项被证实。以专业的学理来说明，是人体内的雄性荷尔蒙睾酮（Testosterone），经过一种5α-还原酵素的作用，转化成二氢睾酮（DHT）。带有雄性秃遗传基因的人，头顶的头发会受到DHT影响而逐渐变细及掉落，最后毛囊也随着萎缩，也就跟着形成了让人惧怕的“光明顶”。

举例来说，睾酮本来是一个守本分的好孩子，遇到“坏孩子”5α-还原酵素，就被带坏，成为会攻击毛囊的杀手二氢睾酮，影响毛发蛋白质的合成，让头发不健康或脱落。

雄性荷尔蒙是男女体内都存有的荷尔蒙。对男性来说，雄激素的作用是促进生殖器官发育成熟并维持其机能，以及刺激第二性征的出现；

而对女性来说，雄激素亦有维持正常生殖功能及促进青春期生长的作用。因此，无论男性或女性，都可能受雄激素影响而出现雄性秃。

有遗传性掉发基因的人，头皮毛囊会对雄性荷尔蒙特别敏感，当毛囊的雄性荷尔蒙接收器接受一定量的雄激素，毛囊就会开始萎缩，时间久了甚至会凋亡，毛囊一旦凋亡就无法再生，头发也无法再长出来。

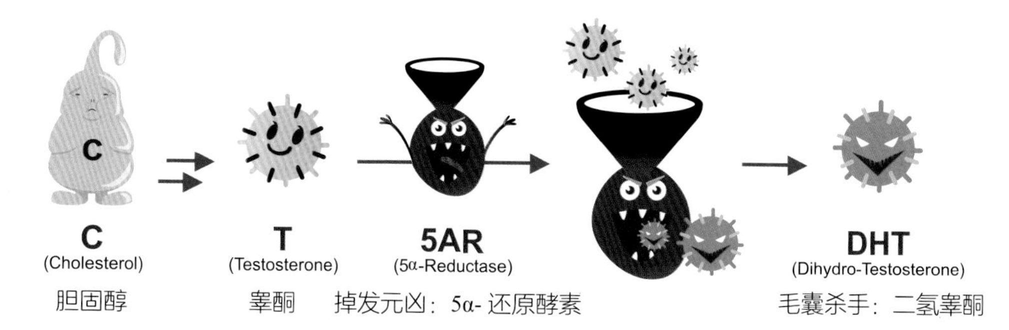

DHT 毛囊杀手的诞生

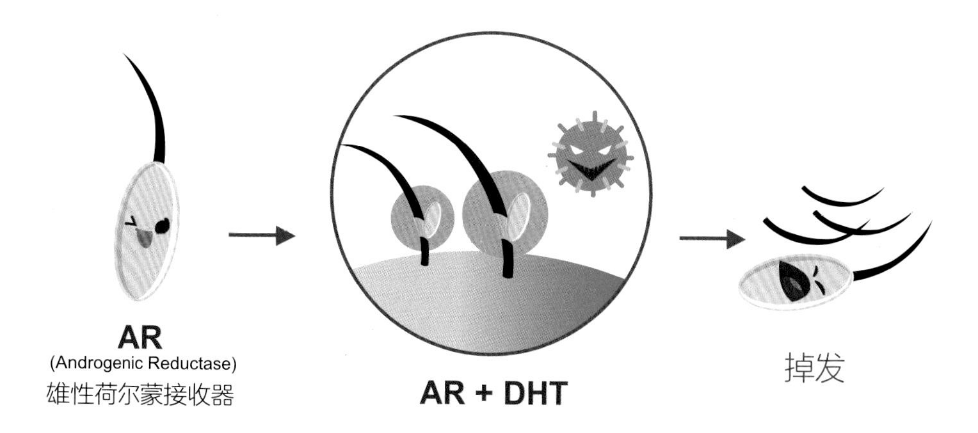

毛囊遇害过程

威力十足的雄性秃，改变头发生长周期

雄性秃现象尚未出现时，头皮毛囊处于正常的头发生长周期，也就是我们在前面的章节中提过的成长期、退化期、休止期；但在有雄性秃的状况下，头皮毛囊接收到雄性荷尔蒙的作用，头发正常的生长周期就会开始改变，造成：

成长期缩短

- ✓ 长出来的头发比正常的头发细，并且掉落更快。

休止期变长

- ✓ 休止期毛囊比例变多、掉发量增加，外观看起来发量变得较稀疏。

当雄性荷尔蒙开始在头顶作怪，改变正常的生长周期后，头发根本来不及变长、长粗，就进入休止期，然后掉落了。有些毛囊的生长期甚至短到不够让头发长出皮肤表面，若还不加以注意，立即采取治疗的话，毛囊就会开始持续萎缩并且死亡，而毛囊一旦死亡，头发也就被判了死刑，无法再长出头发来，所以我们看到的雄性秃外观就是“头发很细、间距很大、覆盖头皮效果差”。因此，一旦发现掉发量增加等异常掉发征兆，就要立即采取正确的补救生发行动，阻止毛囊萎缩、死亡，阻止雄性荷尔蒙对头发的行凶。

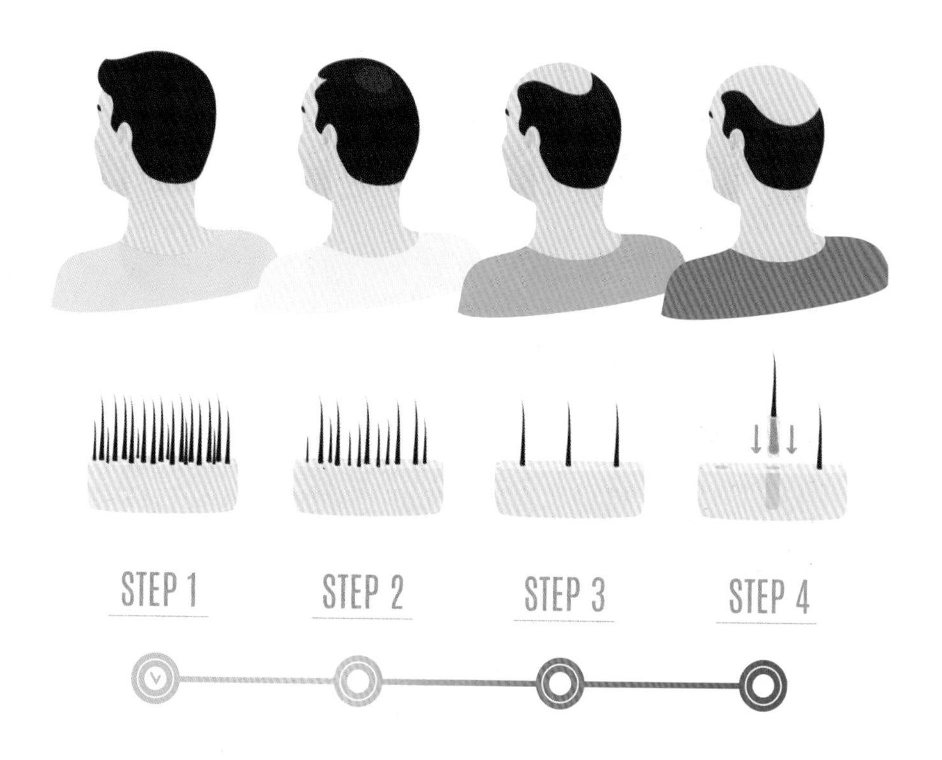

别怀疑，女性也会有雄性秃！

雄性秃男女都会有，不过雄性秃出现在男女头上的表现方式并不相同。有雄性秃的男性前额发际线会逐渐地退缩，形成 M 形退缩，或头顶出现 O 形秃发区；女性的掉发则常表现为头顶的发量变稀疏。

一般来说，女性雄性秃没有男性那么严重，不会出现光秃般的地中海，只是头顶的毛发较为稀疏，而且出现的年龄较男性略晚一些。这种表现类似年老头发稀少，因此常被认为“提早老化”而未积极采取治疗。

女性雄性秃之所以较男性轻微，可能是因为局部的5α-还原酵素，也就是前面提到的将睾酮转换成引起雄性秃的二氢睾酮的量较少，仅为男性的1/3.5 ~ 1/3；另外，女性头皮的芳香化酶（Aromatase）为男性的4 ~ 6倍，此酵素能将睾酮代谢成女性荷尔蒙，所以女性有雄性秃的概率较男性低一些。另外，最新的研究也指出，微小量且长期的毛乳头慢性发炎与女性雄性秃有其相关性。由上述可知，相较于男性，女性脱发问题涉及的层面远比男性复杂，主要是女性较男性有较高的概率发生其他脱发疾病，如因生产、压力造成的暂时性休止期掉发；营养不均或者经血量多造成缺铁性贫血所引起的掉发；女性好发的内分泌疾病，如甲状腺功能亢进或减退，也会影响头发生长。

造成女性掉发的常见原因

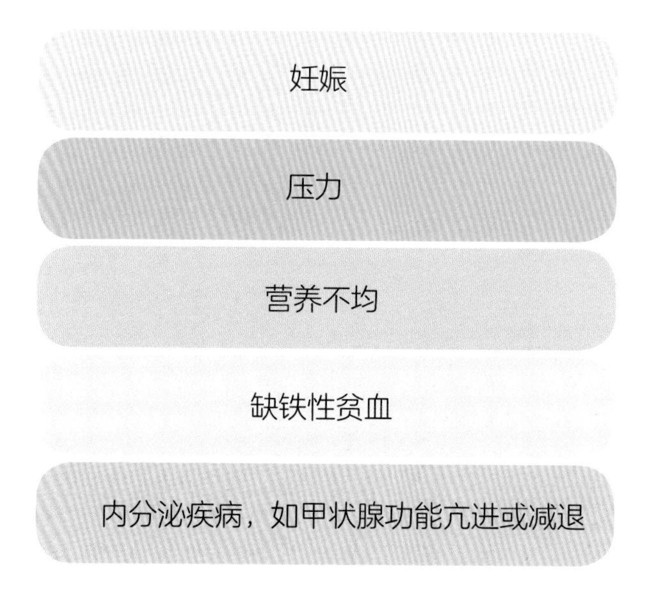

因此，医师通常会建议做皮肤镜检及抽血检查，必要时还要做头皮切片检查，确定是否为雄性秃，且在治疗上一些小型研究发现，较年轻的女性，单用 2.5 ~ 5.0mg 的非那雄胺（Finasteride），或配合避孕药使用，会有部分治疗效果，生育期的女性不建议吃药，建议用生发水，或富含血小板血浆（PRP）或其他营养物质的头皮内注射或微针生发，或者是育发激光利用低能量光线来刺激毛囊的生长。

不管男女，一旦发现自己开始掉发，记得一定要先就医，让专业医生帮你找出掉发原因，再确认掉发治疗。千万不要等到情况严重才就医，一旦错过黄金治疗期，将无法挽救这些珍贵的发丝。

既然雄性秃是以渐进性方式发动攻击，在雄性秃的治疗上，大家也需要耐心等待，病症并不会一夕间改变，要慢慢治疗才能收到成效。而究竟如何在黄金期内抢救头发？我们在下一节将继续讨论。

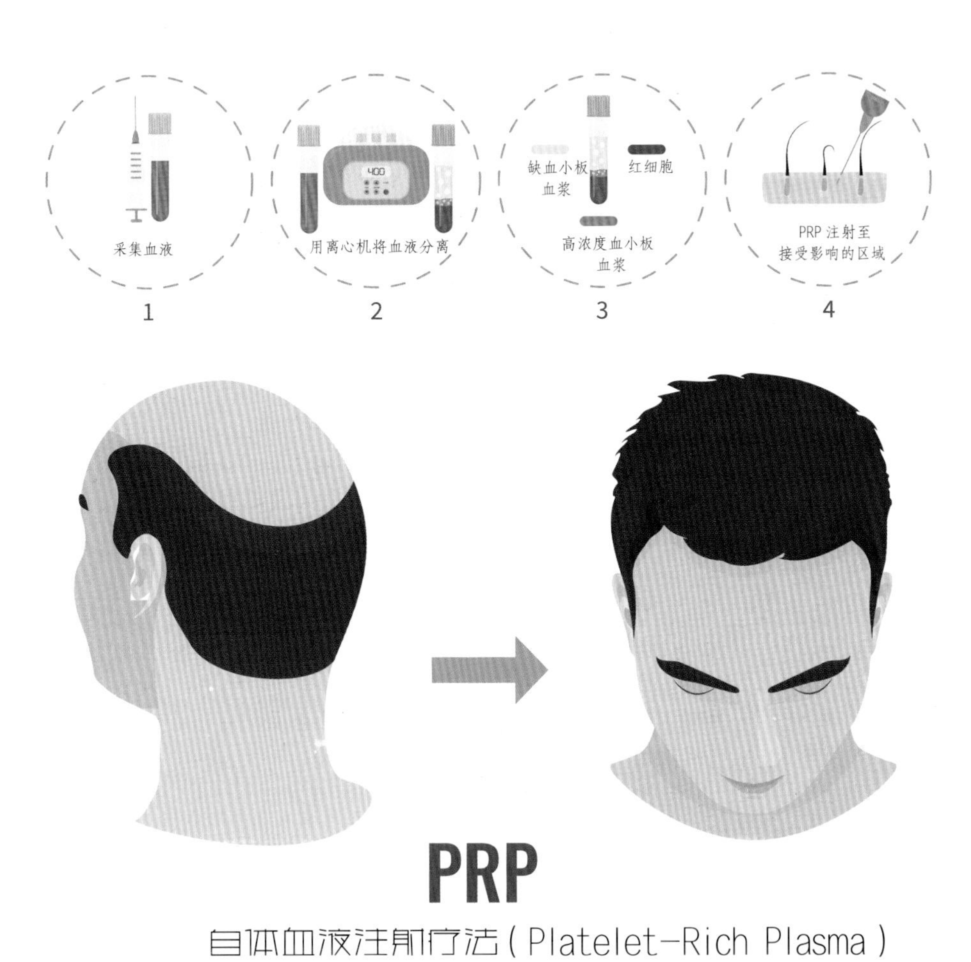
采集血液
1
400
用离心机将血液分离
2
缺血小板
血浆
红细胞
高浓度血小板
血浆
3
PRP 注射至
接受影响的区域
4
PRP
自体血液注射疗法（Platelet-Rich Plasma）

3-5 对抗雄性秃，抢救头发有一套

想要对抗恼人的雄性秃，通常会采用的治疗方式有：口服药物、外用药物及植发手术。只有做好内服外疗，才能彻底解决雄性秃带来的困扰。当然，植发手术是最直接快速的解决方式，只是对一般人来说价格较高，且会因人而异（需要根据个人秃发的状况进行评估），所以多数人还是会先选择使用生发水或口服药物来治疗。

许多雄性秃患者都会使用的“外用”“口服”药物，甚至使用现在流行的“育发激光”治疗，刺激毛囊活化，孕育新发再生。但不管哪种治疗方式，都有其需要的疗程时间与衍生的副作用，这都是患者需要了解之后做好的心理准备，才不会因为一知半解产生不恰当的预期，误以为治疗能立即见效。也因为期望患者能借由医师的评估与解说，充分配合信任的主治医师，才能真正达到对抗雄性秃的功效。

以下治疗方式，一定要在毛囊抢救的黄金期前治疗，才能为头发带来一丝生机！

外用药物——生发水

市面上生发用品琳琅满目，质地从水溶液状、喷雾状到慕斯状统统都有，这些宣称具有治疗雄性秃效果的产品，是否真的有效呢？

事实上，目前通过美国食品药品监督管理局（FDA）核准的治疗雄性秃的外用生发成分只有一种：Minoxidil（米诺地尔）。不过有趣的是，这一成分一开始是用于治疗高血压的。

原本 Minoxidil 的作用是可以打开血管上的钾离子通道，进而放松血管，达到降血压的效果，之所以后来应用在生发上，是个美丽的意外。因为临床上发现口服 Minoxidil 控制高血压的患者中，有不少患者出现多毛的副作用，甚至雄性秃脱发的区域也随之改善。因此研究学者便把它做成外用剂型，涂抹在秃发的部位试验，经过许多动物与人体实验证实有效后，便正式成为雄性秃的标准治疗药物。

究竟为什么 Minoxidil 可促进毛囊的生长？目前所有的研究还尚未清楚其生发的实际作用机制，只知道这种成分确实可以有效地控制雄性秃。

Minoxidil 的口服制剂虽然本用于降血压，但外用 Minoxidil 生发水由于每日使用量少，几乎不会对血压、心跳及体重造成影响，但倘若已有心血管疾病者，或是头皮皮肤有缺损以及头皮处于发炎状态时易造成吸收增加，因此，使用时仍须小心观测血压、心跳以及体重变化。

使用方式

外用生发药应如何正确使用呢？建议在洗发后擦干微湿的情况下使用，将产品涂抹于头皮而非头发上。

目前 Minoxidil 的剂型有 2% 和 5% 两种，男性的雄性秃患者可使用 5% Minoxidil 以及 2% Minoxidil，女性的雄性秃患者则建议使用 2%Minoxidil。

至于每次的使用量，许多 Minoxidil 生发液都建议一次使用约 1 毫升，一天使用两次，但仍须视每个人秃发的区域大小而定。若只是初期雄性秃，用量当然比已形成地中海型秃发的人用量要少，但最好还是征求专业医生的意见之后再行使用。

副作用

由于雄性秃患者通常头皮常较容易出油，使用 Minoxidil 后会觉得有一定的黏腻感，除此之外，甚至有头皮发红及头皮屑增加的现象，另外使用 Minoxidil 两星期左右，部分人可能有瘙痒感及掉发量增加的情形，女性也可能出现脸部多毛的现象，这些极有可能是毛囊的适应问题，但通常在使用 3 ~ 4 星期后，这些情况就会逐渐改善。要注意的是若头皮出现发炎或有伤口时应该停用，涂抹时也不要用指甲去抓。

疗程时间

Minoxidil 是借由刺激萎缩毛囊再度复苏生长，所以要持之以恒地使用，最快可在两个月便看到成效，要恢复掉发前的旧观，则通常需要 6 个月至 1 年。在停止使用数个月后，那些因为使用 Minoxidil 期间所增加的新发，会逐渐脱落，回到未治疗前的水平，并继续雄性秃的慢性病程。

你需要知道的抢救头发 TIPS——外用药物 Minoxidil 生发水	
使用方式 / 用量	男性雄性秃使用 5% Minoxidil 女性雄性秃使用 2% Minoxidil 在洗发后擦干微湿的情况下涂抹于头皮 一次使用 1 毫升，一日两次
副作用	头皮黏腻感 头皮发红及头皮屑增加 有些人会有瘙痒感及掉发增加的情况 女性有可能会产生脸部多毛的症状
疗程时间	6 个月至 1 年

口服药物——柔沛 vs 新发灵

通过美国 FDA 治疗雄性秃的药物——柔沛 Propecia

同样是个美丽的意外，口服药中唯一通过美国 FDA 治疗雄性秃发的药物 Finasteride，商品名为“柔沛”（Propecia），一开始其实也并非是针对雄性秃的药，而是用来治疗男性前列腺肥大的药。

当初是一群同时患有雄性秃以及前列腺肥大的患者使用保列治（Proscar）后，意外发现除了排尿症状改善之外，头上雄性秃的脱发区域也有逐渐长出新发的迹象，进行临床试验后才推出具有相同成分Finasteride，但最低有效生发剂量为1毫克的柔沛，广泛运用于雄性秃的治疗。

Finasteride的作用机理为抑制Ⅱ型5α-还原酵素，以降低血液中二氢睾酮的浓度，进而有效地逆转雄性秃的病程。

Finasteride治疗头顶头发稀少的效果比前额发线后退的效果更好，因此，许多长期服用柔沛的患者常会遇到头顶毛发长回来了，但前额发线仍不够茂密的状况，这时可考虑配合植发手术弥补药物的不足。

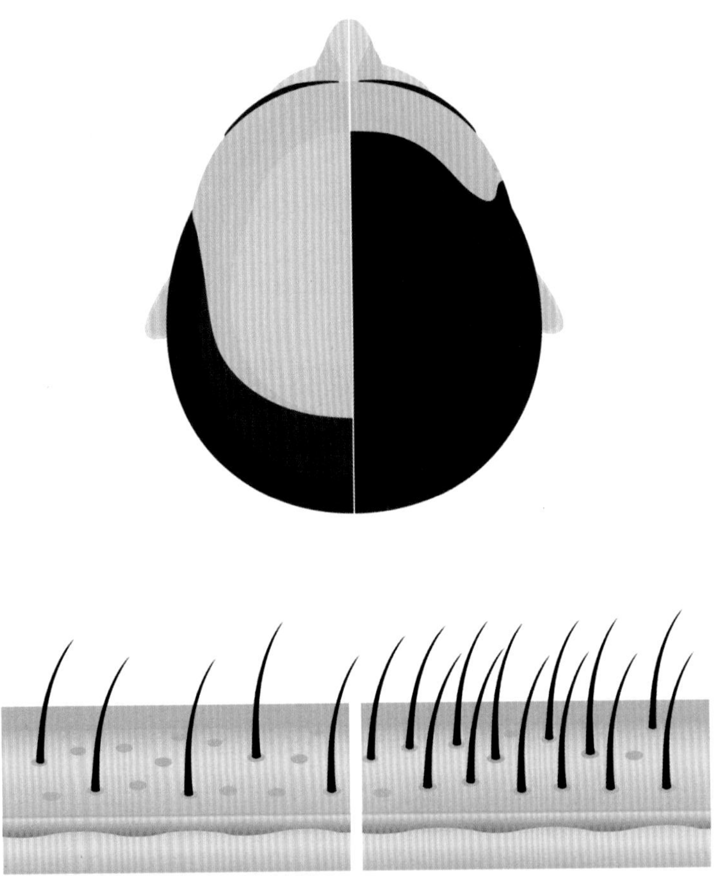
掉发的毛囊
健康的毛囊

使用方式

这是医师处方用药，是一个八角形粉红橙色的膜衣锭剂，一锭剂量为 1 毫克，药丸正反面刻有 P 以及 PROPECIA 字样，一天一锭，可空腹或饭后服用，只要固定时间服用即可，不一定要早上或晚上使用。

疗程时间

轻度、中度，也就是前额或头顶雄性秃患者需每日服用，需要 3 个月才会有掉发减少、发量增加的初步效果；6 ~ 12 个月后才会有正常的新生毛发。据统计，服用柔沛一年后约 80% 的患者停止继续掉发，66% 患者会长出新的头发。但若是服用一年后停药，在停药一年内，发量会回复到原本分量，但不会加速掉发，因此如要维持疗效，就必须持续服用，如果有效需终身服用。

切记，雄性秃需要长期治疗，千万不要服用一两个月觉得头发外观没有变化便中断治疗，且及早发现就要及早治疗，越早接受治疗，就能够保住更多毛囊。

副作用

柔沛的副作用让许多男性无法接受，也因此却步不前，因为在治疗过程中可能出现一定比例的“性功能障碍”。

根据统计，口服药物后，有 1.8% 的患者会有性欲降低、1.3% 的患者勃起困难、1.2% 的患者发生射精障碍，更有 3.8% 的患者出现一种以上的不良反应。

此外，英国皮肤科医学会杂志的一篇报告指出，柔沛可能导致胎儿外阴发育异常，所以育龄期的女性是禁止使用柔沛的。有雄性秃的女性朋友要特别注意。

还须特别注意一点，即凡是药物就需医师处方签，柔沛是经由肝脏代谢，所以须经医师确认肝脏能否负荷才可决定是否使用。

研究近千人，发表于国际期刊上的雄性秃救赎新药——新发灵 Nuvaniv

众所期待治疗雄性秃的口服药物新发灵其实并非新药，Nuvaniv 0.5 毫克（Dutasteride）是双重的 5α- 还原酵素抑制剂。它对负责将睾酮转变为 DHT 的 I 型及 II 型 5α- 还原酵素同功异构，皆有抑制作用。DHT 为一种雄性激素，主要造成雄性秃（AGA）。每日服用 Dutasteride 对于减少 DHT 的最大效果与剂量相关，且在服药后 1 ~ 2 周内即可观察到。

秃发患者头皮与血清中的 DHT 浓度减少，睾酮浓度增加，均与 Dutasteride 的剂量有关，所以在改善头顶与前额生发的临床实验上皆有明显的成效。

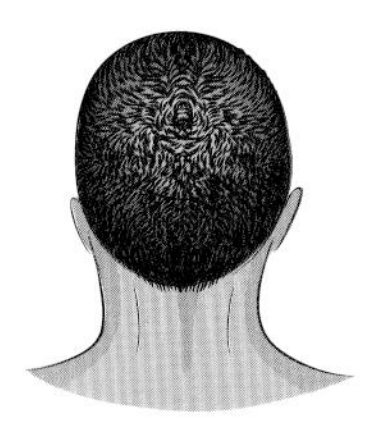
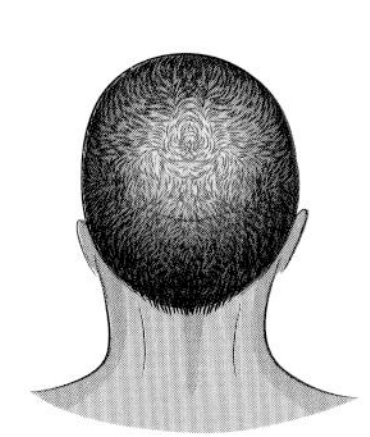
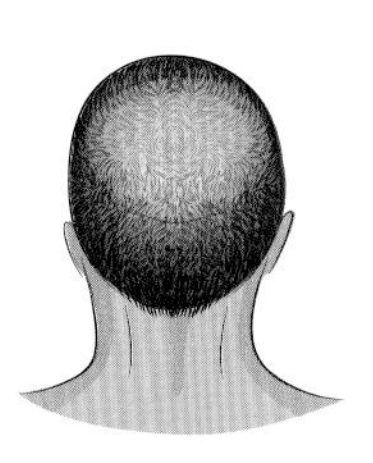
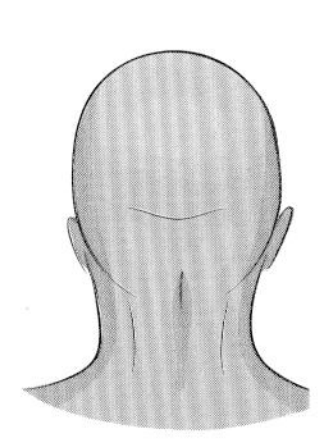

使用方式

处方用药，建议剂量为一天一颗胶囊（0.5 毫克）；胶囊需整颗吞服，切勿嚼食或将胶囊打开。直接接触胶囊内容物可能会对口咽部黏膜造成刺激。

疗程时间

新发灵 Nuvaniv 适用于男性治疗雄性秃（Androgenetic Alopecia，由雄性激素造成的秃头）；虽然治疗 12 周后就能看到患者症状改善，但可能需要持续治疗至少 6 个月才能看到整体治疗效果。

副作用

针对男性雄性秃患者使用后第一年会发生性欲降低的状况，某些人甚至会有勃起障碍、射精障碍的问题，精子的质量及精子数自然比服用前低、少，所以有患者担心服用后就等同“自宫”，仿佛是拿一辈子的“性福”换取顶上浓密黑发，但其实没有那么悲情，那只是使用第一年后会发生的副作用，持续使用第二年后便会逐渐改善，慢慢恢复到服用前的正常状态。

只是要特别提醒，服用新发灵 Nuvaniv 的男性若想要捐血，需间隔 6 个月以上；而若另一半有怀孕计划，则建议停药后 6 个月进行较安全。

你需要知道的抢救头发 TIPS——口服药物柔沛 VS 新发灵

口服药名称	使用方式 / 用量	副作用	疗程时间
柔沛 Propecia	•一天一锭 •空腹或饭后 •每天固定时间服用	•性欲降低 •勃起障碍 •育龄期及怀孕女性禁用	6 ~ 12 个月
新发灵 Nuvaniv	•一天一颗胶囊 •切勿嚼食	•性欲降低 •勃起障碍 •射精障碍	6 个月以上

男性秃发等级比较图

育发激光

激光光疗目前已广泛运用于各式疾病治疗以及医学美容市场，包括大家所熟知的除斑、除疤、改善皱纹等，用在毛发上，其实则是用在“除毛”而非“生毛”上。

低能量激光被发现可生发，同样也是一场意外。一群科学家原本想利用低能量激光照射在被剃光毛的老鼠背上诱发癌症，没想到癌症没能生成，却意外发现照射区域毛发增多的现象，经过不断研究，低能量激光被美国 FDA 核准成为生发的治疗选择之一。

低能量激光被广泛地应用于医疗领域，包括促进伤口愈合、改善过敏性鼻炎、缓解各式慢性发炎及疼痛、皮肤白斑治疗等。之所以这些看似不相干的疾病都可以被低能量激光改善，是因为低能量激光可以借由给予适当能量，刺激生物细胞并诱发或强化一些生理反应，达到治疗效果。

目前的低能量激光生发设备，包括激光健发梳、激光健发帽、育发激光机器等。原理都是利用上述的低能量激光促进生发，但不同的设备具有不同的激光光点数目，与头皮接触的程度也不同，因此也可能造成生发效率上的差异。

疗程时间

育发激光治疗的疗程前 2 ~ 3 个月较密集，需要一周两次，每次照射需 30 分钟左右，之后可视治疗的状况调整间隔时间，甚至一个月一次（需视个人治疗状况而定），完整的疗程约需持续 6 个月以上。患者开始治疗的第一周会减少掉发量，接着掉发处会开始新生小细毛，多数患者治疗 16 周左右即可发现较以往增加新生发量。

你需要知道的抢救头发 TIPS——育发激光

疗程时间	•前 2 ~ 3 个月一周两次 •每次疗程 30 分钟左右 •之后可请专业医师视个人状况调整疗程间隔时间 •完整疗程时间需 6 个月左右

3-6 秃发者最想知道的 Q&A

Q1 圆形秃可以根治吗?

A

有人以为掉发代表有潜在性的肝脏疾病，需要抽血检查，但其实前面的章节已大致解释了掉发的原因，与肝脏疾病没有直接关联，所以不需要通过血生化检查来印证。圆形秃一般会依照秃发的范围来区分，可自行判断自己的圆形秃究竟是属于小圆秃还是大圆秃，小圆秃如硬币大小，民间称为“鬼剃头”，小圆秃的患者即使不治疗多半也会自行痊愈；而范围大的大圆秃虽有机会根治，但复发的概率约为 40%，相对比小圆秃复发的概率高许多。一般来说，治疗后会停止掉发，半年左右即会长出毛发。

Q2 圆形秃掉发的部位大多集中在哪里?

A

圆形秃和雄性秃不同，只要是有长毛发的部位都有可能会掉发，出现圆形秃。

Q3 为何减肥减过头会秃头?

A

临床中不乏这样的案例，许多爱美人士为了追求体重秤上的数字迅速下降，采取较激进的方式减重，如断食、节食等。处于饥饿或营养不足状态的身体接收到信息后，便会发出降低代谢率等应激反应，如此便无法满足身体所需，导致营养缺乏，会用白发、引起休止期掉发，甚至秃发等警告来求救，身体需要借由饮食慢慢调理恢复正常运转。

0
100

0
100

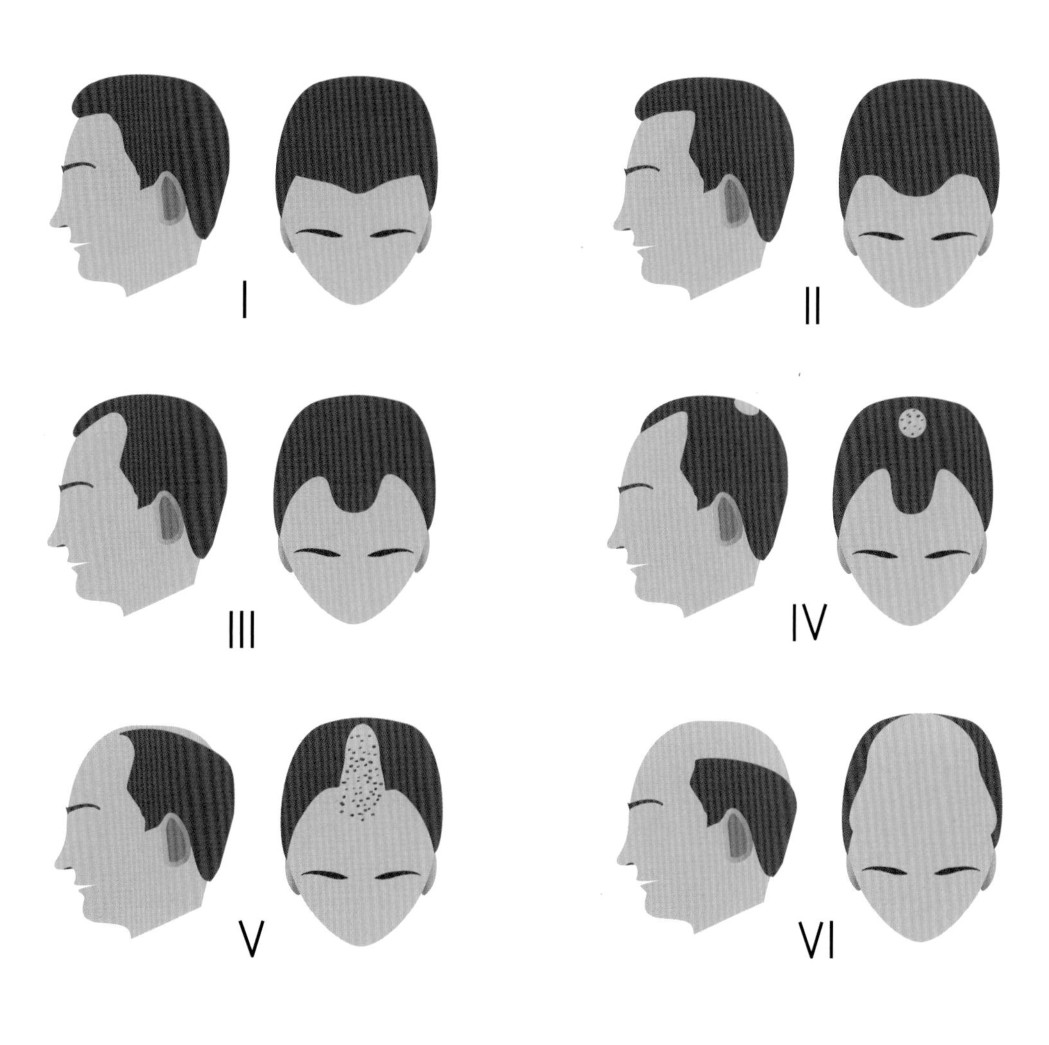

I
II
III
IV
V
VI

Q4 明明父亲没有秃发，我却不到30岁就秃了？我该怀疑这是家族遗传惹的祸吗？

A

不用怀疑，这的确是由家族遗传基因导致的。通常会以父系家族的影响最大，占80%左右，但也需参考母系家族是否也有秃发的案例，而这都会通过遗传影响下一代。

Q5 我的头皮长期发炎、发痒、皮脂腺阻塞，是不是会引起雄性秃？

A

不会的，雄性秃为非发炎性、非疤痕性的脱发，虽然有报告认为某些雄性秃的患者初期头皮油脂分泌也会较旺盛，但是脂溢性皮炎在病理切片检查中并不会造成毛囊的坏死和萎缩。主要还是雄性荷尔蒙直接调控毛囊的生长周期所造成的秃发。

Q6 身体体毛越多，代表男性荷尔蒙越多，也就代表越容易秃头?

A

雄性荷尔蒙分泌较旺盛的话，头发应该浓密。如果依然面临雄性秃的困扰，其实是由于雄性荷尔蒙对二氢睾酮的反应较敏感所导致的。雄性秃的确与雄性荷尔蒙有关联，但雄性荷尔蒙过多会导致秃头这样的说法并非正确。

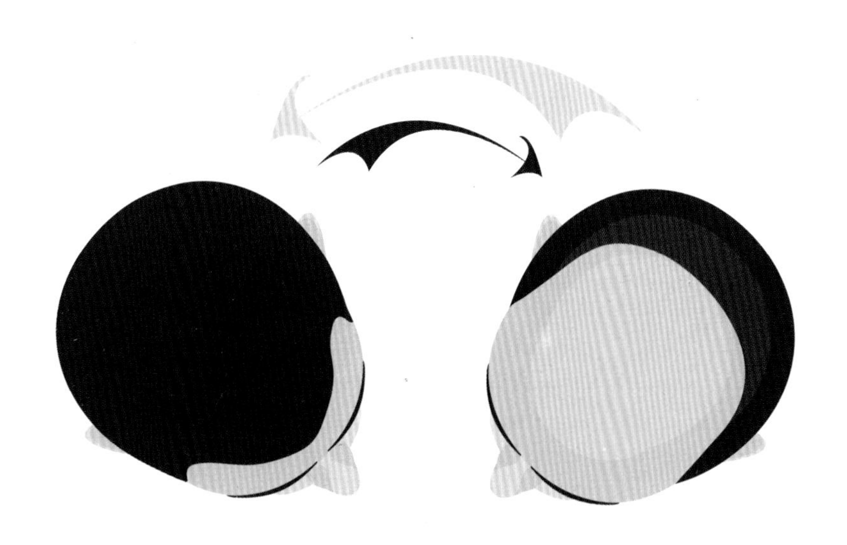

Q7 健发中心的疗程有效吗?

A

健发中心最大的优势，在于拥有专业且临床健发经验丰富的医师看诊，正确判断掉发成因后，对症下药。因为掉发成因非常复杂，每个人的遗传、性别、年龄、生活习惯等各不相同，这些会交叉影响掉发的结果，因此选对经验丰富的医师非常重要，从而根据发根、毛囊状况做出正确的判断。

健发中心的疗程通常都是一整套进行的，从一开始的脱发检查，到后期的头皮护理、药物服用、微创治疗、育发激光到植发，都属于健发中心的治疗项目。

Chapter 4

植发，重建你掉落的青春与自信

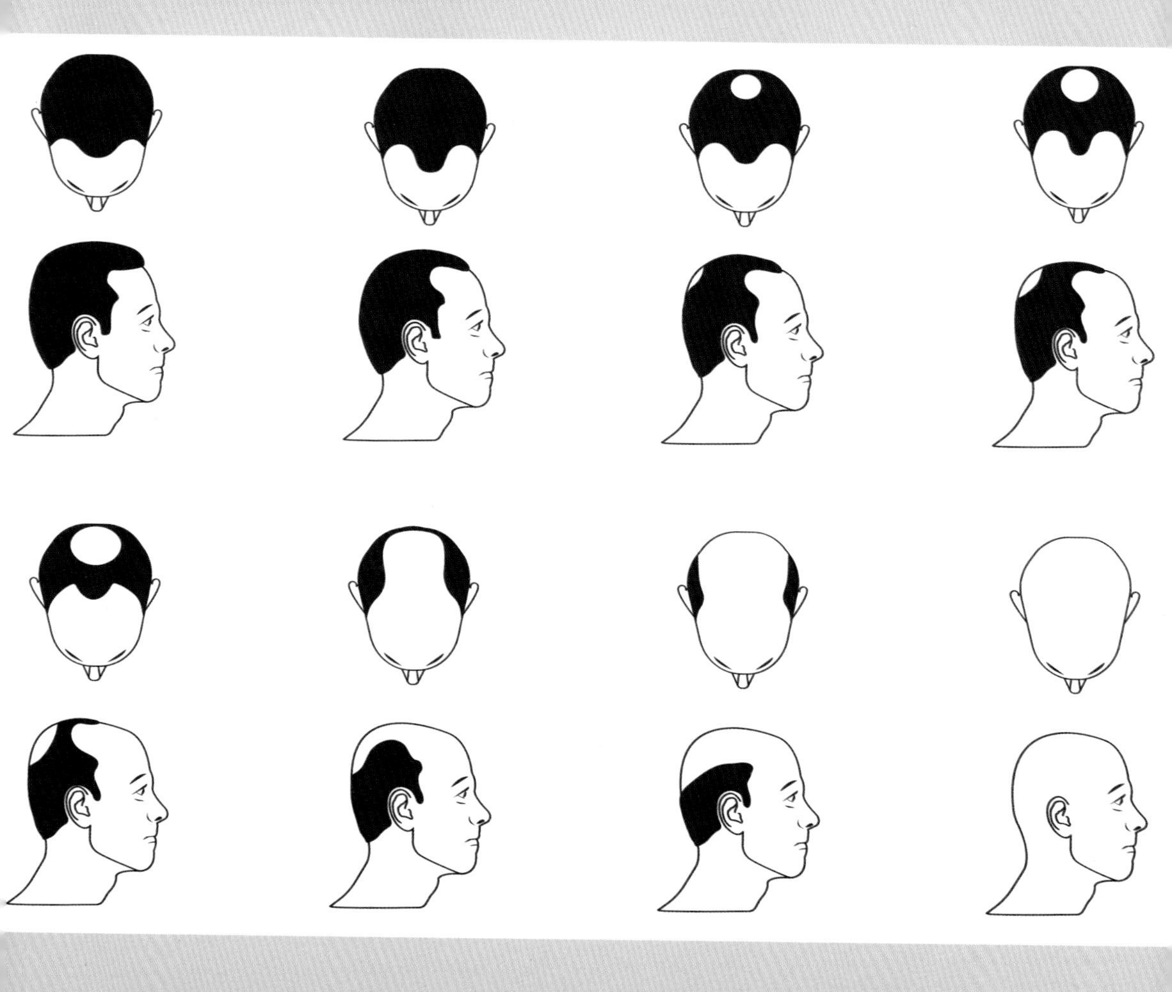

4-1　再也不用忍受发秃的窘境，选择适合的植发手术彻底抢救发秃危机！

赖先生从30岁开始因雄性秃脱发，他曾尝试过口服药物、擦生发水，就连偏方中的肉桂粉加蜂蜜、生姜萃取液等方法也都试过，但全部宣告无效。

本应正当年轻帅气年纪的他，和朋友出门时总是要先戴好发片才敢出门，遇到大风就会紧张不已，生怕发片被吹落，被朋友们发现自己是秃头；想去植发，又怕过渡期间让自己秃发的事实曝光……因烦恼自己的脱发问题，他严重忧郁失眠，甚至因失眠求诊精神科治疗。

最后，他终于下定决心做植发手术，正式和发片说拜拜，找回和自己年龄相当的外貌与自信。

跟着权威医师这么做，解除你的秃发危机

诊室类似赖先生的案例不胜枚举，仍有许多人对于植发手术存有恐

惧，究竟该不该植发是很多人初次面对自己有秃发危机时的心理挣扎。

当然，该不该植发、要不要植发，完全取决于个人的想法。如果不在意外貌，秃头当然不会对身体健康造成影响。我们所能做的，是提供专业的判断，告诉大家什么阶段可用什么样的方式治疗秃头，什么阶段即使做任何努力也没用。

以目前的医疗水平来说，根据脱发的不同阶段，可选用药物治疗、育发激光、植发等方法。

但究竟要选择何种治疗方式？则需考虑患者年龄、掉发形态，以及其他掉发的因素来判别，才能规划出适合患者的治疗方式。何时该进行植发手术或药物治疗，应该请专业医师进行诊断，与患者讨论之后再做决定。

一般来说，还不是太严重的秃发，可以使用药物来治疗。药物又分为外用药物（如生发水）和口服药剂，关于这两者的功效及使用时机，我们在前面的章节中已经探讨过；而育发激光可针对早期的脱发，掉发范围尚未扩大，或是使用药物过敏者，也可使用在植发手术术后的辅助照射。通常建议用药物治疗一年左右，确认头发长不出之后，便可与医师讨论进行植发手术的时机。

对于雄性秃患者来说，植发是最终武器，不受限于哪个部位，对于改善前额两侧及头顶秃发都有帮助，只要后脑勺的头发还有许多健康毛囊，就可使用毛囊重新分配的技术，将毛囊移植到想要的部位。

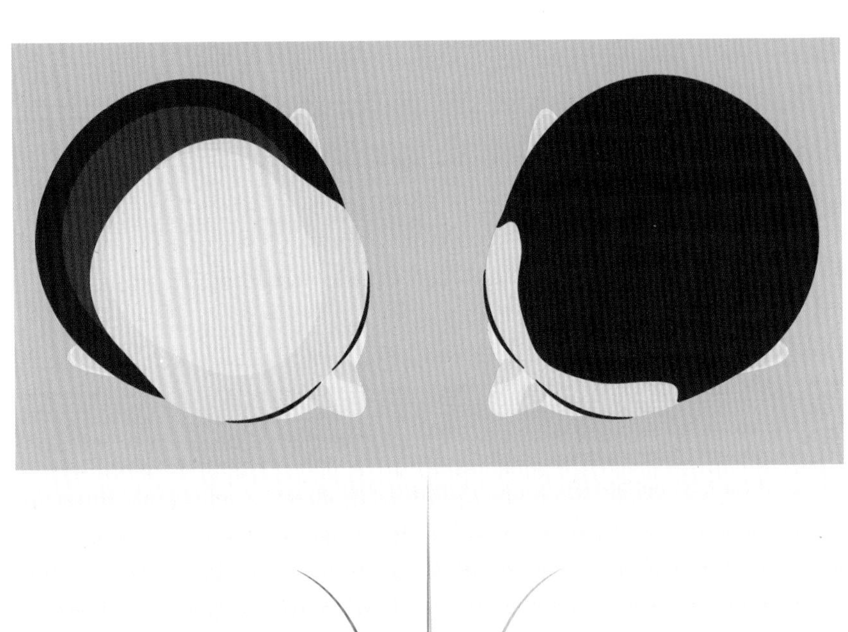

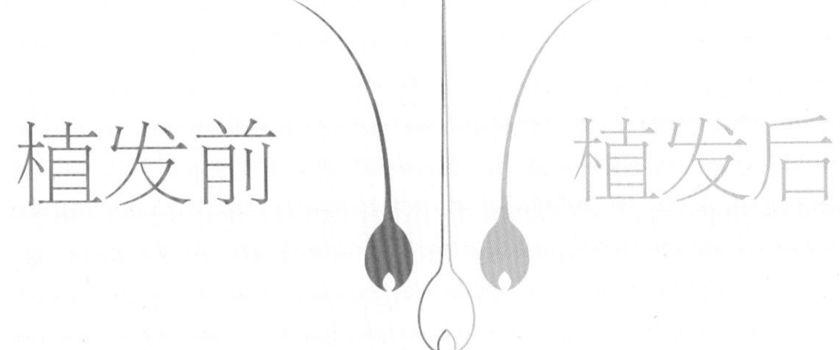
植发前
植发后

植发手术并不能让发量变多，而是“看起来”变多

要知道自己适不适合做植发手术，首先应该知道什么是植发手术?

植发手术和一般整形手术改造工程大不相同，它是一种重建手术，也就是将现有的头发做资源再分配，有点儿像是挖东墙补西墙。

之所以这样说，是因为植发手术受限于患者本身头发的条件，可以移植的毛囊都要从患者的“后脑勺”拿取，因为唯有“后脑勺”不会受雄性秃的侵袭，有较多健康的毛囊。但大家一定要认清一件事——植发手术并不能让发量变多，只是将头发重新分配区域，让头发“看起来”变多而已，并不能增加整体总毛囊数，就像变魔术，像是一种视觉上的障眼法。

所谓的植发手术，是移植头发毛囊的手术，而毛囊单位以一“株”㊟来计算，一株一株移植的手术，是十分精密的手术。不过不用担心，植发

㊟ 一“株”毛囊：植发的单位通常是一“株”，而非一“毛”，大家要知道，一个毛囊只有长一根头发，但一株毛囊却是数量不一定，因为我们的毛囊在头皮上也会搞“小团体”，有可能三四五个组成一组，也有可能是独来独往的单独一个。

所接触到的头皮深度，仅仅只有 5 ~ 6mm，现在的技术更上一层楼，钻洞取毛囊的手术方式，甚至可以让深度浅到只有 2.2 ~ 3.5mm。

此外，负责植发手术的医师也很重要，这点和对整形医师的要求类似，怎么分布毛囊的位置，才会让长出来的头发看起来茂密且自然，还得顾及脸型和发线及发旋的搭配，因此手术的功力和审美的功力，都是对植发医师的严格考验。

植发手术分为“FUT”传统皮瓣手术和“FUE”微创植发技术。FUE 术后疼痛感极少、伤口小、恢复期较短，是比较适合患者的新选择。

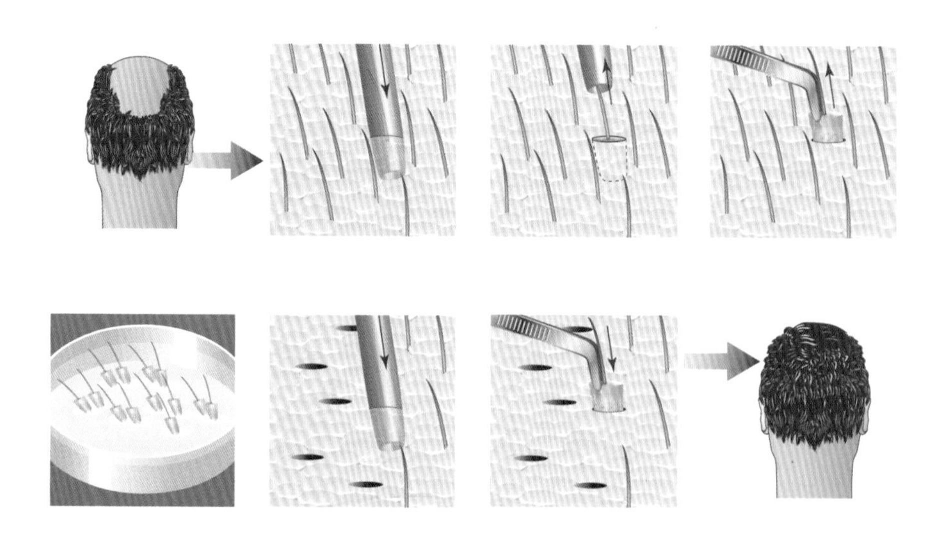

植发手术步骤图

■ 植发不只重建自信，更重建青春

事实上，不管是哪一种生发治疗都有其效果，只是效果会因人而异，诊室也曾有患者靠着口服药剂，持续服用了 15 年后，也确实保住毛囊不萎缩，秃头并不是非要做植发手术不可，我常跟来求诊的患者说，会有怎么样的成效还是需要参考个人的状态。

而究竟哪种方式适合自己，还是回归到最初的一句话，得让专业医师来判断，排除掉所有病理性脱发的可能性后，再来决定用哪种方式进行治疗。

有时不同的生发治疗方法也可合并使用，像是有些准备进行植发手术的患者，手术前医生会有计划性地让他提早服药，将头发养好才会有利于植发手术的进行，之后植发手术搭配育发激光合并治疗，让秃发者的头发开始恢复生机。

简单来说，植发手术是一种重建手术，它不仅仅是头发的重建，也是对患者青春的重建，更是对自信心的重建。秃头不是病，但若是已经影响了你的人际关系或你的自信心，不妨通过植发手术，让植发医生们帮你重建起良好的心理素质，不得不说植发手术确实能一劳永逸地解决秃发者的问题。但植发效果如何？还要依赖专业医师个人的审美角度与技术。

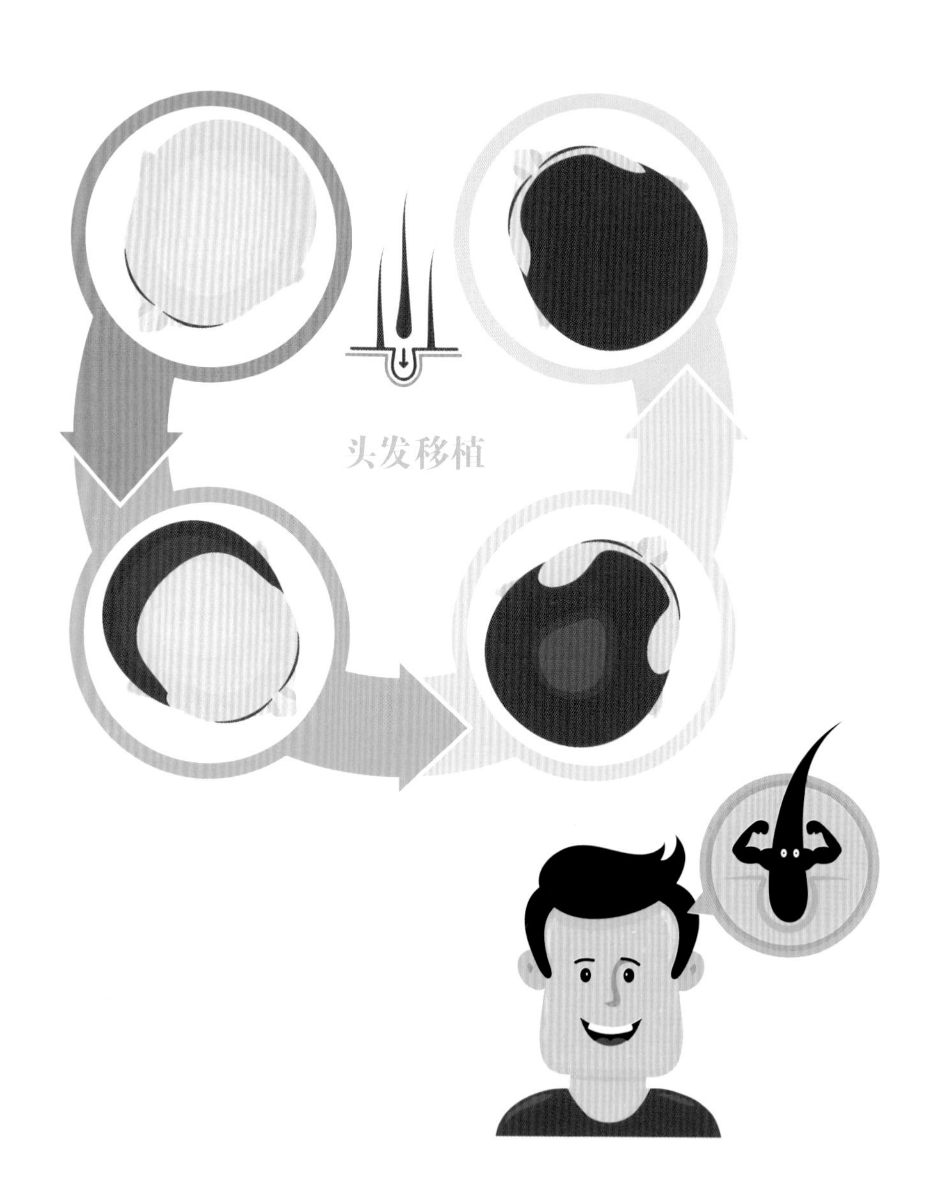

植发小常识

哪些人不适合进行植发手术?

除了年龄限制之外，究竟哪些人不能做植发手术?

首先，全秃者由于已无毛囊，自然无法做植发手术；而一些特殊疾病，像是自身免疫疾病（如红斑狼疮）的患者，要经医师做完整身体健康的评估后，才能确定是否可动手术。

另外，因压力造成的圆形秃，俗称“鬼剃头”，也不建议植发，一般认为是精神压力过大，使得毛囊暂时进入休止期而导致头发脱落。虽然门诊上曾遇过因鬼剃头有植发的需求患者，但其实植发并非医治的方法。若患者坚持要植发，植发前需要让医师检查确认是否为圆秃疾病，处于稳定期并已停止脱发，但仍没有长出毛发的状况才能进行植发。

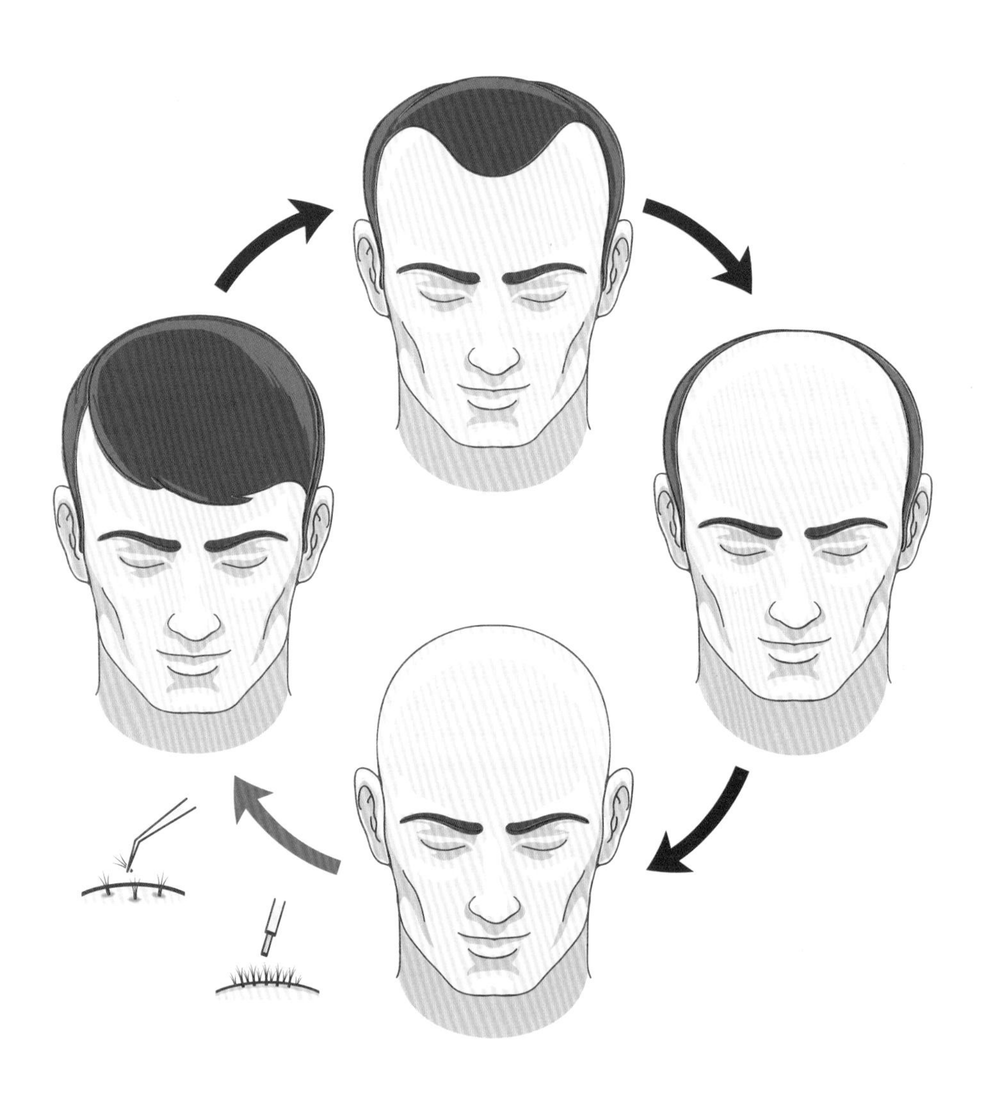

4-2 把握黄金时期抢救顶上发

■ 两大征兆出现，把握黄金治疗时期

门诊上有许多人常会问：“几岁来植发比较好？”其实这是错误的观念，因为雄性基因秃没有发生的时间表，几岁会秃头谁也说不准，就算遗传到爸爸的基因，发秃的时间也不会和爸爸发秃的时间一样，过往经验只能供参考。

不过，虽说发秃的时间无法准确预知，但可以确认的是，如果父亲是秃头，儿子八成也躲不过秃头的命运，或许开始秃发的时间不一定，但也可参考父亲秃发的模样，作为自己在植发手术上发型规划的参考。

植发小常识

究竟什么时间开始抢救头发最适合？其实有两大征兆提醒你即将陷入秃发危机。

掉落的头发越来越短

首先，一般正常的头发通常长到36cm才会自然掉落，若是发现自己掉落的头发长度只有3.5cm左右甚至更短，就代表毛囊已经开始萎缩，导致头发生长期逐渐缩短。

头发逐渐变细

另外，发现自己的发丝逐渐变细，或是洗发时发现掉下来的头发都是细细短短的，而且冲水后随即发塌明显，这些都是毛囊逐渐萎缩的征兆。

这些征兆和年龄没有绝对的关联，一旦发现自己出现上述情况，最好赶快前往医院就医，让专业医生协助你找出适合自己的治疗方式，把握治疗的黄金时期；若想要植发，其实这个时间点非常适合，因为此时尚有许多健康的毛囊，植发的效果相对也会比较好。

植发没有年龄限制

要提醒的是，植发虽然无年龄、性别限制，不过目前在台湾地区：18 岁以下禁止做任何美容相关手术，其中也包括植发。因此虽说门诊上也常见到小于 18 岁就发生遗传性雄性秃的患者，但还是不能执行手术。

至于多大年纪不适合植发？其实不管年龄多大，都是可以进行植发手术的，只要还有健康的毛囊可以移植，且没有特殊疾病就符合植发的条件。

曾有一位 77 岁的男性患者，因为年纪较大头发稀疏，加上本身有点儿雄性秃，虽说平常借由运动保持体态，但稀疏的头顶还是让他露出老态，因此希望能够借由植发让整个人看起来年轻，后来果然靠着微创植发技术（FUE），长出头发，因此恢复应有的自信。

■ 植发手术是不是一定有效？

植发手术几乎是百分百有效，只是在手术过程中仍存在着些许不确定性。在植发过程中，是否保持足够的湿度？对毛囊的保护是否完整？有许多细节都会影响毛囊的存活性，当然，也是影响手术是否有效的最主要因素。

曾有临床研究显示：如果患者血液中泌乳激素浓度过高，对于接受任何内科治疗或是植发手术上的结果都会不尽理想。因此，进行植发手术前，医师通常都会抽血检验，并与患者讨论是否进行手术。

排除一些病理因素之后，大多数人都是可以且适合植发的，只要管理好手术质量，做好湿度控制及对毛囊的照顾，植发手术几乎都是百分百成功的。

头发移植手术 Hair Transplantation

1 评估与设计阶段 2 局部麻醉 3 从提供区摘取 4 将头发移植过去 5 完成移植

植发小常识

年纪轻想植发，需评估后脑勺头发的密度和总量

之所以要年轻人在植发手术前仔细评估，是因为年纪轻掉发还不多，若急着做植发手术，将后脑勺健康毛囊移植到先掉发的空隙中，其他地方的毛囊若没用药控制，依旧会随着年龄的增长而掉落，发际线逐渐后退，只剩下原本植发的头发存活，造型绝对会很奇怪。

别以为再做植发手术就会变好，我们说过，植发是将现有的资源重新分配，若是后脑勺的头发所剩不多，就会面临无发可植的窘境，怎么看怎么怪。

因此，若无法用药物来控制秃头的情形，坚持要在年纪轻时做植发手术的患者，一定要评估后脑勺头发的密度和总量，做完手术后，也一定要按照医生的指示，用外用药或口服药好好保存剩下的头发。

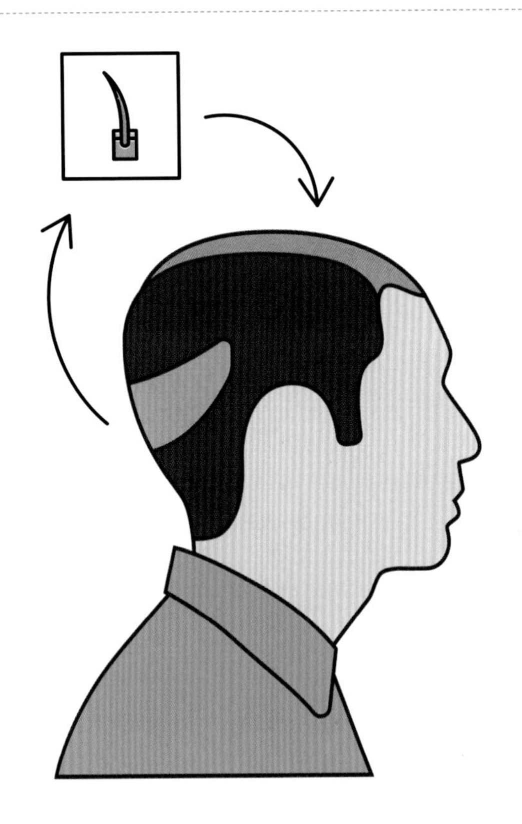

头发移植手术

4-3 植发“型”不“型”，取决于如何与医生沟通？

终于下定决心要植发了，想到终于可以找回失去已久的发际线，心中的紧张与期待实在无法形容。

“植完发后，我是不是可以拥有浓密的健康发丝？”

“植发能植出我想要的韩系厚刘海发型吗？”

想要“植发有型”，千万记得“一定要在事前和医生好好沟通”！植发虽然可以改变外貌，看起来较年轻，但绝对无法将发量变多，这是植发前需要知道的信息。

■ 植发咨询流程

不过究竟要将发型改造成什么模样？若不希望在事后觉得和预期的结果大相径庭，植发前可得先和医生好好沟通一番。

一般来说，每个人的头发状况都不相同，因此植发手术可说是为个人量身打造的，所以植发前的咨询与沟通是必要的，从脱发原因到符合个人的发线设计，每一个步骤缺一不可，医生和患者都该审慎对待。

植发手术前，医师最想知道关于患者的信息

- 年龄
- 遗传家族史
- 对于植发手术的期待
- 患者目前的掉发形态
- 是否曾有药物过敏史
- 植发手术后的照护配合度
- 患者后枕部毛发状态与密度

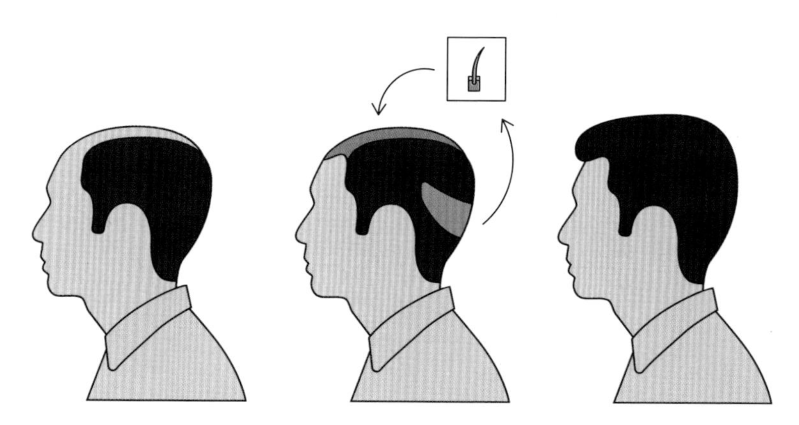

手术前，医师会与患者沟通讨论最理想的发线设计，讨论的重点包括患者的接受植发年龄、秃发是否为家族遗传，以及预期日后植发手术所呈现的效果等。

充分了解患者的个人状况后，医生还必须根据患者目前掉发形态，来预测将来掉发变化；并依据后枕部的毛发状态与密度，预期植发后的毛发浓密度及植发的可行性等，综合众多因素决定需要植发的毛发数，并设计出植发的自然发线。

有哪些因素影响植发结果?

年龄

随着年龄的增长，秃发患者的发际线逐渐不断往后退、毛发也不断变细……不过年龄绝不是单一的评断标准，还得看想要植发者的头发特征及状况而定。

掉发状况 + 未来因年龄产生的变化 = 植发前的个人定制设计

头发特征

3 大头发状态对植发的影响

毛发密度	弯曲度	颜色

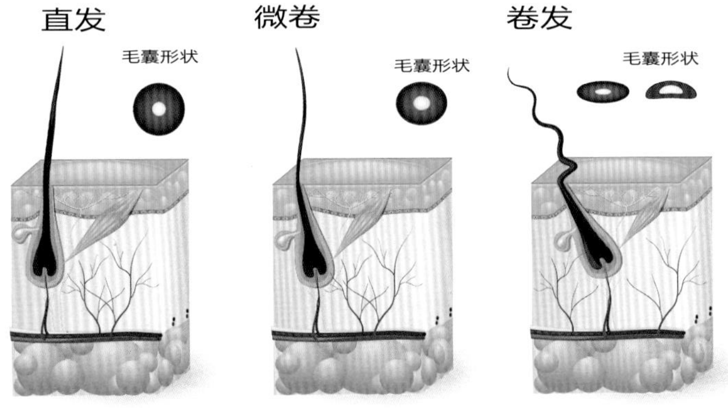

头发的形状

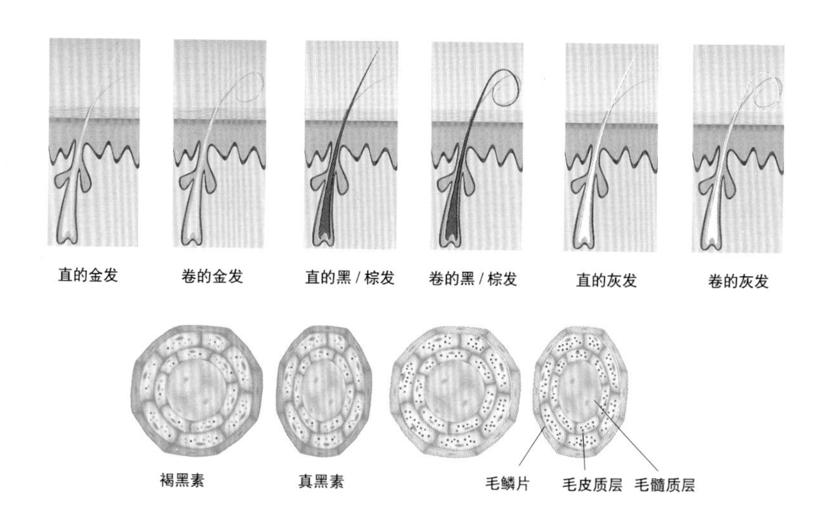

头发基本的颜色及结构

毛发密度、颜色、弯曲度，对植发来说影响十分大，包括植发后整体头发的浓密度，以及发际线的设计等，在视觉上都会给人不同的感觉。

其中，毛发密度越高，就可以在相同面积内就取得较多的毛囊单位；在头发颜色的部分，要看与患者皮肤的匹配度，虽说深色毛发在外观上给人较浓密的感觉，但如果皮肤与毛发之间颜色差别很大，毛发其实看起来会较为稀疏，这也是东方人在植发上较吃亏的地方。

另外，大家都知道卷发会比直发看起来蓬松，产生发量较多的错觉，因此植发时若移植卷发毛囊，外观上可以造成单个移植单位遮盖更大头皮面积的效果。

■ 供发区所能提供的毛囊数目

所谓的“供发区”，指的是后脑勺到后耳这一区的头发，这里的头发较不会受到雄性秃荷尔蒙的攻击，因此是提供毛发的仓库。如供发区所能提供的毛囊数目多，植发有较多设计可以选择。反之，发际线的设计就会受限。

理想的发际线，决定整体颜值

前置作业沟通完成后，接下来就是发际线的设计了。

植发是永久性的，只是有的人“可用资源”较多。如果秃的范围很大，没那么多健康的毛囊，我们会先和患者沟通，将植发做设计，让毛囊分布在前方比较需要的部分，把前方发际线后 5 ~ 8cm 面积先补起来，恢复年轻外观。

植发前的沟通十分重要，所有的植发医师都会尽量满足患者的期望。不过也请患者尽量倾听医师意见，千万不要误以为植发完后每个人都会有一头浓密头发。在植发前一定要先充分沟通，只有达到意见一致再进行手术，才不会让自己的期望落空。

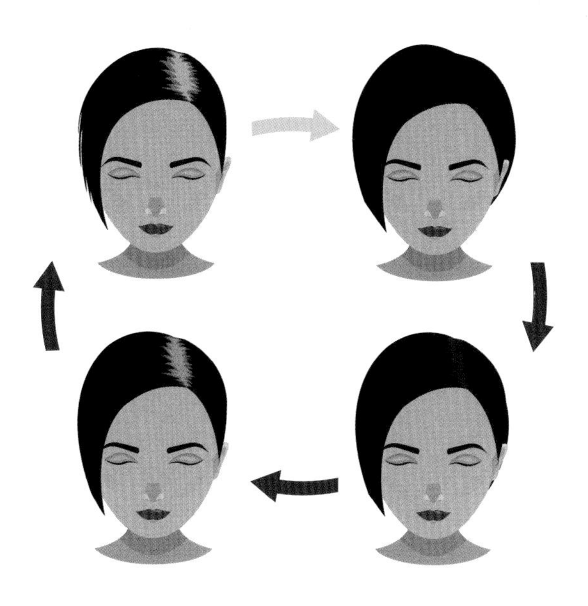

植发需有完善的植发前准备，才能有助于提高植发手术的成功率。最后，慎选医生也是植发重要的一环。医生的专业度与经验值都是要考虑的重点。医生与团队的专业与经验充足，才能将取出的毛囊好好保存，并在植入的过程不让毛囊受到损伤；另外美感也是个重点，发线、发流的设计是否符合患者的脸型、植入的头发是否够自然都在考验着医师的技术。想植发的人不妨多看多听多比较，找出心中理想的植发医师。

综合以上各项条件，找好医师，并和医师做良好的术前沟通，才能打造出让患者满意且自然的发型，达成完美的植发手术。

植发小常识

植发量怎么计算？该怎么评估最准确？

若摆脱现实的金钱问题，要植多少头发，首先要看你的“库存”有多少，并且就秃头的面积有多大而定。其实要植多少头发可以直接转换成算术问题。

植发量的计算方式

理想的头发密度 × 秃头面积 = 所需要植的头发数

什么是理想的头发密度？一般来说，1 平方厘米的头皮需要有 70 ~ 100 根头发覆盖在上面，才会有“浓密”的感觉，若是植发处已经几乎全秃，至少 1 平方厘米也要有 60 根才有“浓密”的感觉。

不过话虽如此，若发质原本就属于较粗硬的人，其实 60 根已经足够；细软发，则需要 70 根以上才不至于有稀疏感。计算秃发面积其实不难算，不过最终可以植多少根头发，还是得看后脑勺这个仓库能提供多少库存了！

4-4 植出你的美型，植发手术大评比！

植发界流传着一句话：“没有最佳的手术方式，只有最适合患者的手术。”各种植发手术方式，市场上都有人使用，如何选择最适合自己的手术方式，让你的顶上风光从无到有，从有到更好？就看自己怎么选择！

若想要搜寻有关植发的信息，只要在网络上搜索一番，马上会跳出各种名词，如“微创植发”“隐形植发”“韩式植发”“法式植发”……让人眼花缭乱、一头雾水。

事实上，这些名词只不过是各种营销手法的包装而已，所有的植发手术万变不离其宗，就是要把毛囊乳头取出来再植进去，可分为“毛囊单位植发手术（FUT）”和“毛囊单位摘取手术（FUE）”。

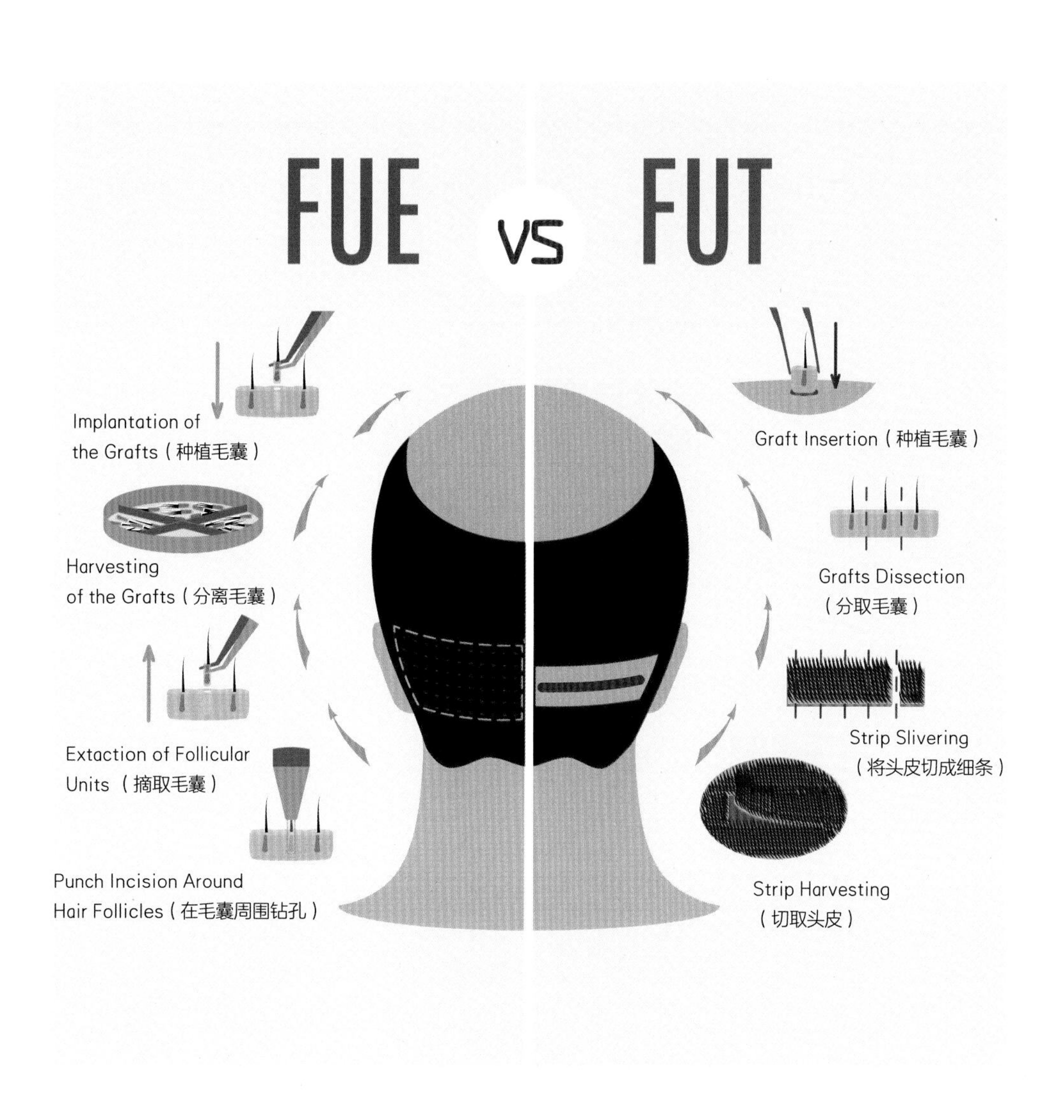
FUE
VS
FUT
Implantation of
the Grafts（种植毛囊）
Harvesting
of the Grafts（分离毛囊）
Extaction of Follicular
Units （摘取毛囊）
Punch Incision Around
Hair Follicles（在毛囊周围钻孔）
Graft Insertion（种植毛囊）
Grafts Dissection
（分取毛囊）
Strip Slivering
（将头皮切成细条）
Strip Harvesting
（切取头皮）

取发量最丰沛——FUT 植发手术

目前较常见的植发手术为FUT（Follicular Unit Transplantation），翻译成“毛囊单位植发手术”，即为传统皮瓣手术，就是从患者后脑勺取一块细长的头皮，然后由医师分取上面的毛囊，再植入患者需要植发的部位。

这也是有人觉得植发会痛的原因，因为这样的方式需要缝合伤口，且会留下一道长疤，对一些怕痛、怕头上留下伤口的人来说，总会迟疑许久。

而对于一些秃头较严重的人来说，取一次头皮或许无法获得最好的效果，可能要取第二次、第三次，这时头皮缝合会越来越紧，疤痕也会越来越明显，出现取头皮的极限。

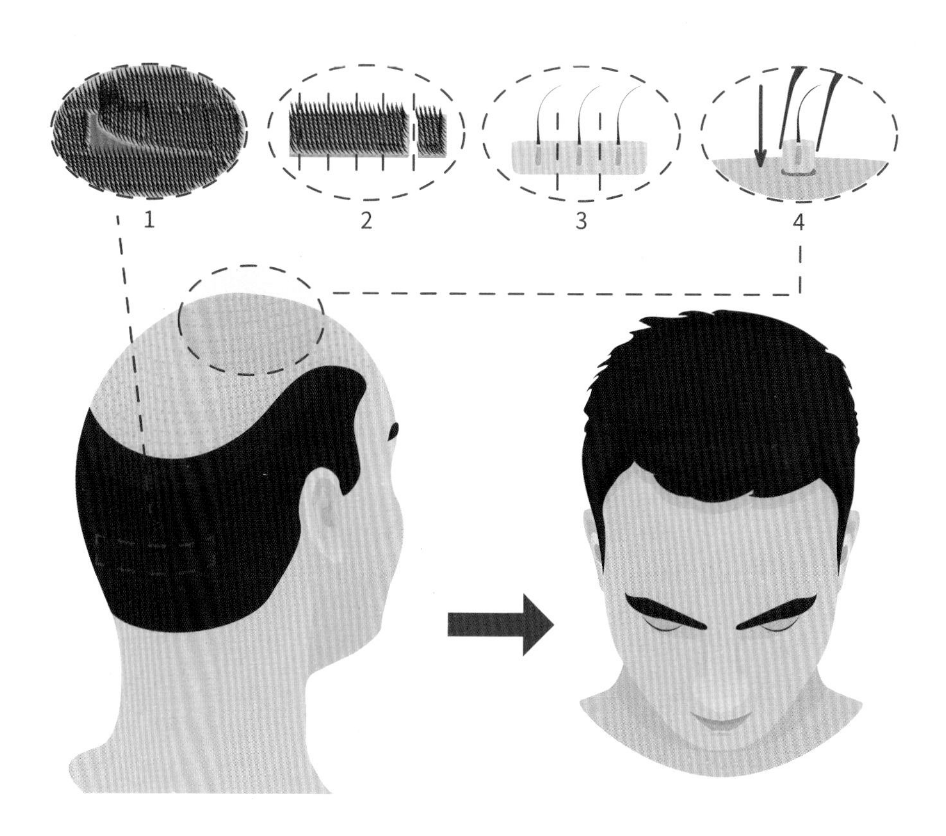

FUT 植发手术步骤图

FUT 植发手术

优点 手术时间较短，费用较平民化。

缺点 会在后脑勺留下一道细长疤痕。

疼痛感少，恢复期短——FUE 植发手术

FUE（Follicular Unit Extraction）译为“毛囊单位摘取手术”。这个植发技术是通过特殊毛囊钻取器，采用“钻、取、种”三个步骤钻取毛囊，再种植到患者需要植发的部位，让毛囊质量及存活率相对提高许多。另外，由于使用迷你钻孔取毛囊，伤口极小，术后疼痛感极少，因此恢复期较短，是许多患者的新选择。

相对于传统的皮瓣手术只能就取下的头皮来分取毛囊，毛囊质量参差不齐，选择性不高，能取到的毛囊数有限，FUE 手术方式是可以从整个后脑勺去挑选毛囊，因此可以选择较多头发的毛囊取出，种植区域效果看起来也就会较为浓密。但也正因如此，整个手术时间比起 FUT 相对长许多。

FUE 使用专门的毛囊分离钻孔器，让医师独立辨认出生长良好的毛囊株，然后一株一株地取下毛囊，因此头部枕区的头发必须剃到只剩下约 1mm，才能帮助手术完美进行，不过这也是许多民众却步的原因。

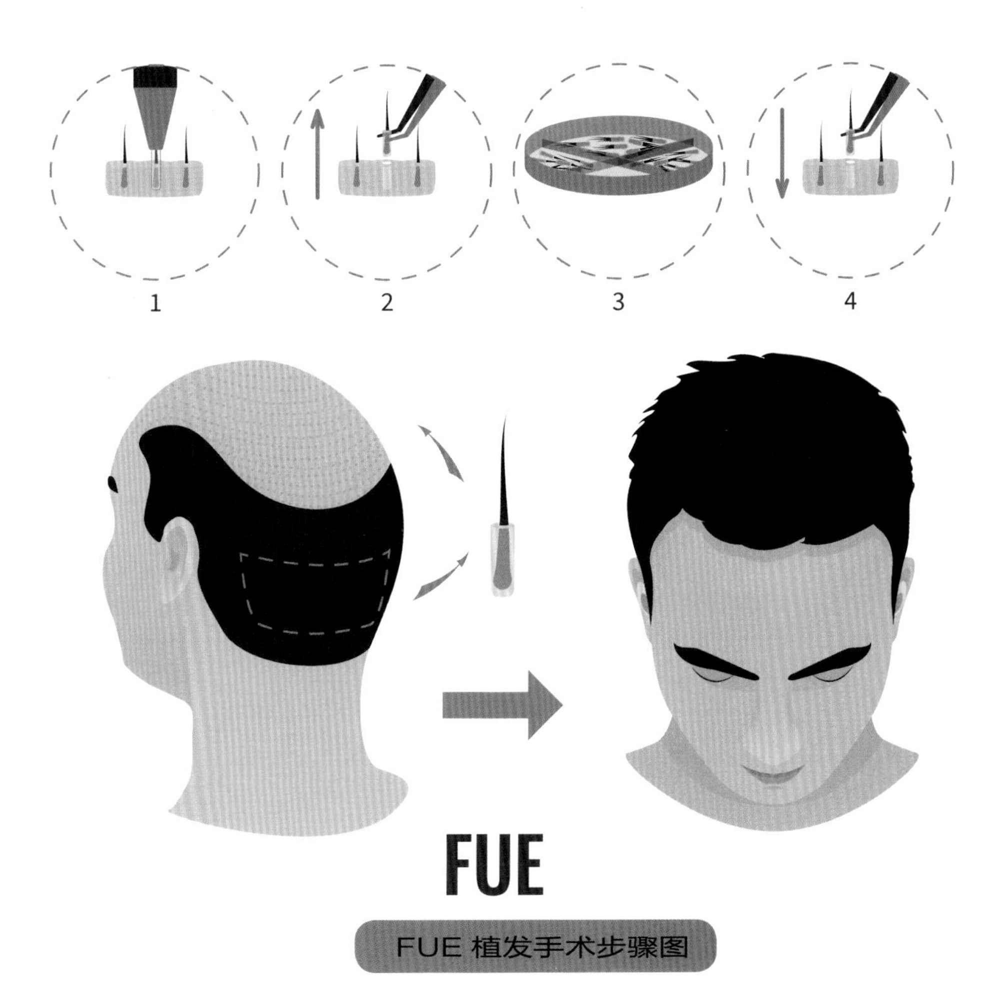

FUE 植发手术步骤图

FUE 植发手术

优点 毛囊质量及存活率较高、伤口小、恢复期短。

缺点 时间较长、费用较高。

究竟 FUT 与 FUE 哪个好？其实没有标准答案，要看自己的需求在哪里而定，只要术前与医师充分沟通，进行适合自己的植发手术，就能呈现出个人满意的效果。

■ 枕后美学，隐形剪发——精密 FUE 隐形不剃头植发手术

就如同我们之前提到的，FUE 不留伤口、恢复期短的特点虽然吸引人，可是鉴于要剃发，很多患者虽然想要跨出植发手术的那一小步，却往往因为这些原因而裹足不前。

所幸我们的医疗技术日新月异，为了改善这些困扰，不需剃头的 FUE 手术因此孕育而生。

“精密 FUE 隐形不剃头植发手术”考虑到枕后美学，利用隐形剪发的方式，将 FUE 手术需要大范围剃发的必要之恶，以“类飞梭化隐形剪发”处理，因此术后取发区外观上与术前几乎无差异。

我们已经知道，FUE 手术的三大步骤是“钻、取、种”，利用专业

摘取器取下完整的上千株毛囊小单位，精准无损地将毛囊植入真皮深层（血液循环最佳处），重现自然、自体健全的毛发效果。

而根据 FUE 改良的植发疗程，可以有更快速的取发技术，每小时可撷取 1000 ~ 2000 株毛囊；专用的莲花式钻针，减少探取毛囊时的摩擦力，保持毛囊在钻针内的完整性；唯一软件程控的仪器，精确控制摘取与种植毛囊的角度与深度，除了大大提升了毛囊的完整性与存活率，更可依据患者头皮的状况与需求，定制化参数，让植发过程更精准、快速！

这种崭新的改良式 FUE 手术，术后伤口直径小于 0.1 厘米，创伤小、修复快，术后不留下令人尴尬的线性疤痕，给患者提供了恢复期极快、疼痛感极轻的植发手术选择。

此外，FUE 手术是将一株一株毛囊摘取并种回，不过以往 FUE 植发术是先取毛囊再植发，但是如今的新技术却是“取发与植发可同步进行”，缩短毛囊暴露的时间，来提高毛囊存活率。

精密 FUE 隐形不剃头植发手术

优点 恢复极快、疼痛感极轻，重现自然、自体健全的毛发效果。

缺点 价格偏高。

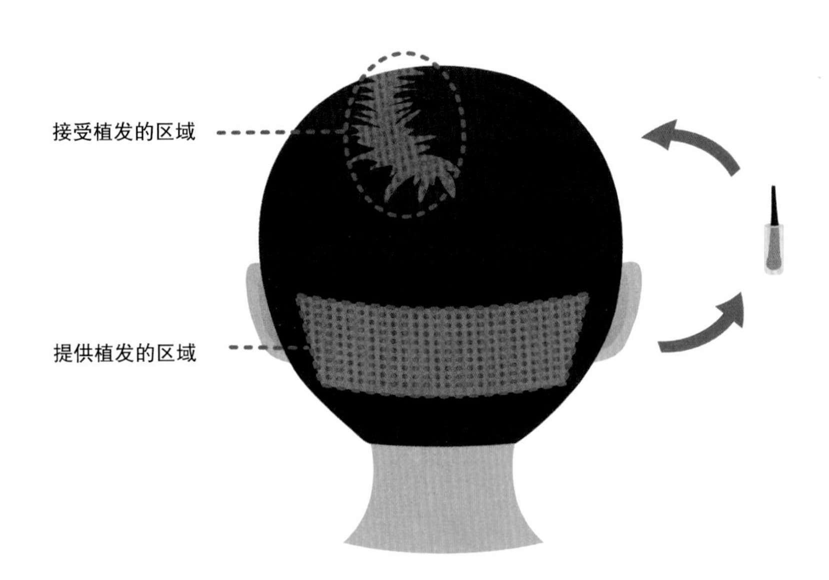

枕后美学
精密 FUE 隐形不剃头植发手术

■ 植发手术像包场看电影一样轻松

进化后的FUE不剃头植发手术，同时结合坐着植发的CIT技术，让患者植发也可轻松“坐”。

让植发患者可以利用“坐姿”来进行植发，优点是坐姿相较于以往趴姿舒适度提升外，也可以在数小时疗程进行中享受“视听”娱乐，一边植发一边观赏喜欢的影片，既安心又放松。

在我们门诊上曾经出现一位植发的患者，一边进行植发手术，一边用笔记本电脑处理公事，几个小时下来，不仅公事完全没有耽误，而且完成了解救秃顶危机的手术，一举两得。

更棒的是，其实不仅可选择坐着植发，这个手术各种姿势都可执行，患者可视自己的状况或坐或躺或卧，只不过我们还是建议以坐姿执行起来最有效率，我们也会为了避免让患者因手术时间长感到无聊，在开刀时也会让患者一边看电影一边手术，让进行植发手术如同包场看电影般享受！

植发小常识

弄懂植发名词，才能符合个人需求量身定做！

网络上各种植发名词让人看得晕乎乎的，究竟这些名词代表着什么样的植发方式？

基本上，如法式植发、韩式植发等，全都属于FUE的范围，差别只在于摘取毛囊与种毛囊的方式不同。

法式植发

法国制造的取毛囊机器，用电钻分离毛囊，再用气动方式植入毛囊。

韩式植发

使用韩国制造的植发笔，在扎洞的同时一起放入毛囊，加快手术进度。

4-5 植发后更要用心照护，才能结发一辈子

别以为做完植发手术后就可以忽视术后的护理工作，事实上术后的护理也是植发后的重要环节，从术后那一刻直到 3 ~ 4 个月长出新发，感受到植发手术的成效需经过 1 年左右的时间。而这也意味着在看到成效前需要细心地呵护，彻底地做好照护植发后的发丝健康。只是刚植发完时，可能会出现一些状况，都属于植发后的正常现象，切勿担忧，应该趁术后调整好生活步调与饮食习惯。

术后是植发的关键，有些状况你需要先知道！

掉头发

怎么刚植完发就掉头发？难道是植发手术失败了吗？先别紧张，这个掉发过程是正常的。

因为植发手术是要把毛囊从头皮钻洞取出，毛囊离开头皮一阵子再

回到头皮，会让毛囊一时间无法适应，因此毛囊会先将头发脱落休息一阵子，再重新长新发，植发手术后有 60% ~ 70% 以上的头发都会掉。

植完发大约在经过 3 ~ 4 周之后大部分头发会开始脱落，并且在 3 ~ 4 个月后开始会新生毛发。因此若是刚植完发发现自己出现掉发的状况，千万别担心，这只是你的毛囊想暂时休息一下而已，之后就会开始长啰！

毛囊炎

植发 3 ~ 4 个月后新毛发开始生长，但在这段时期时常可能会伴随着毛囊炎的发生，这可能是跟新毛发穿出表皮时所产生的刺激有关系，在种毛囊的同时，也会将皮脂腺种进去，但皮脂出不来，累积在皮下就变成容易发炎的物质，演变成毛囊炎。

不过不用担心，只要定期复查，医师会视情况处理，严重的话只要用外用药处理，之后就会渐渐好转了。

植发区新头发旧头发不一样

经历休止期脱发后，这些移植的毛囊重新长出的新头发，不仅较细而且会微卷，和原本的头发有明显不同。不过不用担心，这只是个过渡期，大概经过几个生长周期之后，新长出来的头发就会和原本附近的头发别无二致了。

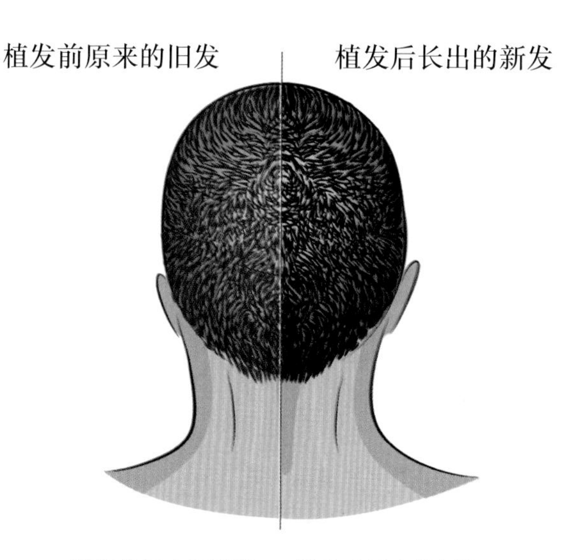

植发前原来的旧发 VS 植发后长出的新发

瘙痒感

不管是什么植发方式，多少都会有一点点小伤口，伤口在愈合期间时有瘙痒感是正常的，也有可能在使用外用生发水后，刺激性会引起这种情况，不过通常只要口服抗组织胺搭配外用止痒药水就可以得到很好的缓解，因此不用太过担心。

其他如痛、麻、浮肿、细菌感染等也都有可能在植发手术后产生，不过这些都是小问题，因为头皮血液循环快，恢复速度也相对快，因此在面对这些术后小麻烦时，别担心，这些并不会影响植发的效果。

术后的护理千万不能忽视

做完植发手术该注意什么？当然就是细心呵护一头刚植好的头发！让我们分别针对 FUT 以及 FUE 来看。

FUT

由于 FUT 需要切下一条头皮，因此痛感会较强，要较仔细地照顾好伤口。

虽说每个人的痛感不同，不过 FUT 术后患者通常会觉得伤口很痛，这时可使用医师开的消炎止痛药，使痛感得到缓解。有时候患者会反映麻药退后脑勺取头皮的位置较紧，不过这些不适感在拆线之后就会消失。

此外，因为术中膨胀剂以及麻药的关系，术后在额头以及眼皮位置可能会有水肿的情况发生，此时可以借由睡眠时抬高头部的高度、按摩以及冰敷等方式来改善。

FUE

相对于 FUT，FUE 手术其实真的不需怎么特别照顾，只要注意 48 小时内好好保护头不要被撞到就好。如果伤口有轻微出血的状况，只要以纱布按压就可以止血。伤口结痂通常会在术后两天就形成，正常情况下，结痂对于毛囊的存活率或伤口的愈合是没有影响的。

另外，有些医师会建议手术后 3 天不要洗头，但事实上没太大影响，只要不用太强的水柱冲洗即可，准备好小板凳，将莲蓬头包着纱布，坐着慢慢冲洗，都不会有大碍。

若还是担心刚植好的头发掉落，可以在前面 3 天回诊所做清洁，由专业护理人员教你怎么洗，之后毛囊稳固后，想要洗、烫、染就都完全没问题。

搭配育发激光，帮头发进入生长期

通常植发完还需要约一年的等待期，不过植发后的复查时间其实单看患者自己的需求而定。我们通常会建议植发后的患者搭配育发激光，约两周做一次，让低能量激光的照光帮助头发生长，提供细胞产生能量，帮助头发进入生长期，也对伤口愈合有很大帮助。

植发小常识

术后毛囊修复成长历程

创伤期

- 术后 2 天

脱落期

- 术后 2 周至 3 个月
- 植入的毛发有些进入生长周期中的休止期
- 并非所有植入的毛发同时脱落
- 脱落持续时间为 3 周至 3 个月

发毛期

- 术后 3 个月开始，此时可能伴随毛囊炎的发生
- 一个月约长 1 厘米
- 新生的毛发通常较细，但是久了会逐渐变粗变长
- 有可能再度进入休止期，外观再度看起来稀疏

永久期

术后 6 个月，成功植入、未受感染或造成囊泡之毛囊存活下来

植入的毛囊（后脑勺的毛囊）基因特性不含雄性素接收器（或很少），所以不易产生荷尔蒙性脱发

通常在手术后 6 ～ 9 个月初具规模，到手术后 12 个月才是最佳的结果

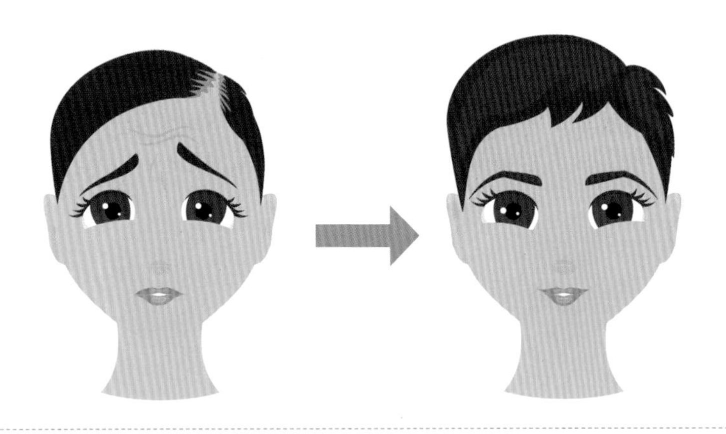

4-6 关于植发，你还可以知道这些大家都想了解的 Q&A

Q1 植发后发量会增多吗?

A

这是许多患者对于植发手术的期待，依据专业医师植入的毛囊数生长，确实能在视觉上改善秃发或发疏的窘境，但整体的发量并不会增加。目前的植发技术是利用患者后枕部的健康毛囊移植至秃发的部位，这就是所谓“资源再分配”的概念，而毛囊移植原毛囊处便不会再有新生的毛囊，而被移植至秃发部位的毛囊则会在该部位生长。

Q2 植发手术可以做几次？需要间隔时间吗？

A

植发手术是可以多次进行的，要看患者本身的状况（不受雄性荷尔蒙损害的毛囊）而定。但因为现今的植发技术纯熟，多半一次性的完成度高，需要二次手术的评估通常是秃发的面积较大。两次手术间至少相隔 9 个月以上。

Q3 植发手术会有疼痛感吗？

A

每个患者对于疼痛的承受度不同，所以无法一概而论。手术前会局部麻醉后枕部，仅止于麻醉当下的疼痛，若有疼痛感可以再加强局部麻醉。

Q4 平常就有游泳的习惯，植发后我可以游泳吗?

A

为了降低头皮感染的风险，建议术后至少隔 1 个月再进行游泳，因为泳池的水多半含有氯及细菌，容易造成术后伤口感染发炎的情况。而居家洗头是可以立即进行的，但须选择无香料、无刺激性的洗发露。

Q5 我天生头发稀疏，可以移植别人的头发吗？

A

因为会产生排斥作用，不仅可能要吃抗排斥药物，也有可能造成头发无法生长。

Q6 植发后部位就不会再掉发吗？是永久性的吗？

A

是的，是永久性不再掉发。因为摘取的区域为后枕部未受雄性荷尔蒙影响的健康毛囊，所以不会再掉发。

Q7 植发费用究竟怎么算才合理?

A

植发手术的费用会依患者的状况决定，每一间诊所收费方式不同，有些会以“根”为单位，有些则以“株”为单位，植发前可通过咨询了解。每次的植发手术需要专业的医生倾注全力，并采用高倍放大镜取毛囊，植入毛囊，会依患者状况进行 3 ~ 5 个小时，耗时耗工的状况下，自然反应在收费上。

Q8 慢性病（如高血压、糖尿病等）患者可以植发吗?

A

植发手术虽然耗时，但其实已经被证明是一项安全的手术，高血压、心脏病与糖尿病等慢性疾病，只要在安全的监控之下，并不会影响手术的进行与结果。但植发前需要依个人的状况审慎评估。

Q9 究竟要植入多少根头发才够?

A

术前医生会先将需要植发的部分标记出来，再把植发区域转画在透明有计算格子的投影片上来计算需要植发范围有几平方厘米，再以每平方厘米种植 25 ~ 35 株去计算得到总株数。